建筑领域碳达峰碳中和
——绿色低碳发展路径探索

魏佳　时炜　等　著

中国建筑工业出版社

图书在版编目（CIP）数据

建筑领域碳达峰碳中和：绿色低碳发展路径探索 /
魏佳等著. —北京：中国建筑工业出版社，2023.10
　ISBN 978-7-112-29318-6

　Ⅰ.①建… Ⅱ.①魏… Ⅲ.①建筑工程—二氧化碳—
节能减排—研究 Ⅳ.①TU

中国国家版本馆CIP数据核字（2023）第214344号

本书深刻阐释了建筑领域碳达峰和碳中和的重要意义，是作者在长期建筑领域绿色发展理论和实践研究中形成的系统性创新成果。本书首先基于大规模数据调研，对建筑领域的能耗现状、碳排放现状和发展趋势进行深入分析，挖掘建筑领域碳排放驱动因素，开发建筑领域碳达峰预测模型，刻画不同情境下建筑领域的达峰情景和达峰时间。进一步从宏观和微观层面系统性梳理"双碳"相关政策、标准和法规等，侧重剖析建筑领域相关政策。运用大数据分析方法，对比分析国内外典型建筑政策差异，探究中国建筑领域政策及标准体系现存问题，提出实施及优化路径。最后，基于建筑领域碳排放现状、"双碳"政策普及效度及"双碳"政策执行力度的现实分析，探索构建了"政策优化路径+科技支撑路径+碳交易推动路径+碳金融支持路径"四体系一体化实现路径。

本书内容全面，具有较强的启发性和指导性，可为建筑领域全产业链相关从业人员提供实践指导，可供从事建筑领域绿色低碳转型相关工作的其他职场人士（如政府管理者、企业管理人员、非营利组织人士等）参考阅读，还可作为低碳经济和建筑工程等相关专业的实践指导书或课外阅读书目。

责任编辑：朱晓瑜
书籍设计：锋尚设计
责任校对：刘梦然
校对整理：张辰双

建筑领域碳达峰碳中和——绿色低碳发展路径探索
魏佳　时炜　等 著

*

中国建筑工业出版社出版、发行（北京海淀三里河路9号）
各地新华书店、建筑书店经销
北京锋尚制版有限公司制版
北京中科印刷有限公司印刷

*

开本：787毫米×1092毫米　1/16　印张：15¼　字数：289千字
2023年12月第一版　　2023年12月第一次印刷
定价：**79.00**元
ISBN 978-7-112-29318-6
　（42098）

近年来，全球气候变暖趋势急剧加速，2020年9月，习近平总书记提出中国二氧化碳排放力争2030年前达到峰值，努力争取2060年前实现碳中和。作为碳排放大国，中国的碳中和承诺是全球应对气候变化的重要组成部分，也展现了中国在应对全球气候问题上的决心。建筑领域脱碳对于"双碳"目标的实现具有重要意义。据统计，2020年中国建筑领域碳排放总量为52.38亿t，占全国碳排放总量的52.94%。其中建材生产和建筑运行阶段占建筑全过程碳排放比重较大，建筑领域进行碳减排活动所涉及的环节多、范围广，碳排放潜力大，是中国实现"双碳"目标重要的一环。

"双碳"目标提出以来，中国发布了如《2030年前碳达峰行动方案》《"十四五"节能减排综合工作方案》等多项指导性政策文件，与此同时，建筑领域作为中国减排潜力巨大的行业，其低碳发展路径的规划也受到各级政府与相关学者的重点关注。然而，目前关于建筑领域"双碳"目标实现路径的规划与设计仍存在重复性高、针对性弱、缺乏系统性论述等问题。例如大多研究从宏观的角度对中国建筑行业"碳达峰"及"碳中和"目标的实现进行，提出能源结构优化、新建建筑规模控制、既有建筑节能改造三大路径，而对于具体实施步骤、分时间阶段目标、期间责任主体以及各措施间的耦合协调等问题分析不足。同时，由于建筑运行阶段碳排放在建筑领域碳排放量中占有较大比例，使得目前众多研究偏向对建筑运行阶段进行减排路径设计，少有针对建筑领域全行业、全主体、全生命周期的"双碳"目标管理与规划。且现有路径多指出需要加强顶层设计、推动碳交易市场发展等，但研究并不够深入，难以解答如何通过有效措施或方法激励相关主体并实现上述目标等问题。此外，对不同发展目标、不同政策主体、不同行业之间的协调配合机制研究偏少，在对减碳路径进行规划时，不仅需要考虑政策的环境效益，同时需要综合考量经济效益、社会效益，如能源结构优化、建筑全面电气化等减排措施都需要各相关责任主体、不同行业之间的配合推动，而目前关于政策协调、行业协调的分析并不全面。

本书聚焦于构建建筑领域实现"双碳"目标的系统性路径。对建筑领域碳排放现状及发展趋势的分析是研究"双碳"目标实现路径的基本保障，本研究将首先对建筑领域的能耗现状、碳排放现状和发展趋势进行深入分析，挖掘建筑领域碳排放驱动因素，开发建筑领域碳达峰预测模型，刻画不同情境下建筑领域的达峰情景和达峰时间。进一步，构建起建筑领域"双碳"目标实现的"政策优化路径、科技支撑路径、碳交易推动路径、碳金融支持路径"四大体系，并设计形成"双碳"目标下建筑领域碳资产专业化管理体系。最终本书从全过程系统管理、全生命周期管理及全参与方协同管理三个维度提出建筑领域"双碳"目标的系统性实施路径，并对应不同参与主体及不同建筑生命周期阶段给出整合性建议，对于推动建筑领域安全顺利实现"双碳"目标具有一定的现实意义。

各章的内容安排具体如下：①建筑领域"双碳"目标实现的重要战略意义；②国内外建筑领域绿色发展的典型观点与经验；③建筑领域碳排放现状、趋势及达峰情景预测；④建筑领域政策及标准体系优化路径；⑤建筑领域科技支撑路径；⑥建筑领域碳交易推动路径；⑦建筑领域碳金融支持路径；⑧建筑领域碳资产专业化管理体系；⑨建筑领域绿色低碳系统性路径。

本书为西安交通大学经济与金融学院及陕西建工集团股份有限公司、未来城市建设与管理创新联合研究中心联合研发课题项目成果之一。参与本书撰写的有西安交通大学经济与金融学院魏佳团队和陕西建工集团股份有限公司时炜团队。全书由魏佳和时炜负责统稿，各章节具体撰写人员为：李季扬撰写第1章，樊琳撰写第2章，樊琳和冉泾柔撰写第3章，李季扬、谷神星和邓元鑫撰写第4章，蒲靖、陈家河和樊琳撰写第5章，王霄阳和陈家河撰写第6章，王霄阳撰写第7章和第8章，魏佳、时炜、樊琳和赵佳凡撰写第9章，樊琳编写所有附录章节，李季扬和樊琳完成全文书稿校对。在此，一并向他们表示感谢。

本书基于多学科、多理论、多方法的综合研究策略，运用经济学、管理学、建筑学、社会学、统计学等学科的基本理论知识，按照"寻找理论依据→构建测算模型→刻画现实条件→剖析困境成因→厘清实现路径→提出政策方案"的范式展开分析。囿于完成时间较为仓促，且目前建筑领域"双碳"目标实现路径仍处于不断的尝试实践中，本书仍存在着一定的不足与不妥之处，恳请广大读者批评指正。

目录

第 1 章

建筑领域"双碳"目标实现的
重要战略意义

1.1 "双碳"目标是中国重大战略决策

　　在工业化的进程中，化石能源燃烧导致大量温室气体的排放和全球气候持续变暖。第五次IPCC报告中指出CO_2、甲烷和氧化亚氮的大气浓度超出过去80万年以来的最高水平。根据中国气象局国家气候中心向社会发布的《中国气候变化蓝皮书（2023）》，2022年全球平均温度较工业化前水平（1850—1900年平均值）高出1.13℃，是有完整气象观测记录以来的八个最暖年份之一；2022年中国夏季平均气温、沿海海平面高度等气候变化指标均创下历史新高。温室效应所导致的全球变暖现象愈加严重，引起的全球变暖、冰川融化、海平面上升等一系列问题严重影响着人类未来的生存发展，已成为人类社会可持续发展的主要问题之一。

　　实现人类可持续发展，有效降低碳排放量已成为国际社会的共识。各国在不断探索合作减排的模式，试图在全球范围内达成符合各方利益的碳减排国际协议。1990年12月，第45届联合国大会通过第212号决议，决定设立气候变化框架公约政府间谈判委员会，以此来共同应对全球范围内的CO_2排放量的快速增长。经过委员会与世界各国的努力，1992年签署了《联合国气候变化框架公约》。在《联合国气候变化框架公约》下，缔约国展开多轮气候性谈判，达成了许多关键性公约，重要国际公约如图1-1所示。

《联合国气候变化框架公约》
明确"共同但有区别的责任"

《哥本哈根协议》
提出全球气温升幅应限制在2℃以内

《格拉斯哥气候公约》
将全球变暖限制在1.5℃以内，并逐步减少煤电

1992.2　　1997.12　　2009.12　　2015.12　　2021.12

为39个发达国家确立了减排目标

将全球平均气温较前工业化时代上升幅度控制在2℃以内，并努力控制在1.5℃以内

《京都议定书》

《巴黎协定》

图1-1　重要国际公约

各种公约的制定是为了应对碳排放量的快速增加导致环境危机的国际合作的成果，在《巴黎协定》后，国际社会有了相同的碳减排目标，之后的实践减排行动中，越来越多的国家将碳中和政策转化为国家战略，提出了碳中和目标。主要国家及组织碳中和时间表如表1-1所示。

主要国家及组织碳中和时间表　　　　　　　　　　表1-1

国家及组织	碳达峰时间（年）	碳中和时间（年）
德国	1990年以前已实现	2045
英国	1991	2050
法国	1991	2050
加拿大	2007	2050
美国	2007	2050
日本	2013	2050
韩国	2013	2050
中国	2030	2060
欧盟	1990	2050
南非	—	2050

为了对全球生态文明和构建人类命运共同体做出中国贡献，中国积极参加全球气候治理，承担碳减排责任。中国是《联合国气候变化框架公约》最早的缔约方之一；1998年，中国签署了《京都议定书》，以发展中国家履行义务；2009年，在哥本哈根举行的联合国气候变化会议上，中国提出了加强节能和能效、大力发展可再生能源和核能、增加森林碳汇、发展绿色经济和循环经济等一系列举措来履行碳减排承诺；巴黎峰会中，中国承诺2030年左右CO_2排放达到峰值，单位国内生产总值CO_2排放比2005年下降60%～70%；2020年9月，国家主席习近平在第75届联合国大会上宣布，中国CO_2排放力争2030年前达到峰值，努力争取2060年前实现碳中和；2020年12月，习近平主席在气候雄心峰会上提出了"到2030年，中国单位国内生产总值CO_2排放将比2005年下降65%以上，非化石能源占一次能源消费比重将达到25%左右，森林蓄积量将比2005年增加60亿m^3，风电、太阳能发电总装机容量将达到12亿kW以上[1]"的目标，彰显了中国在应对气候变化上的全球领导作用。

应对气候变化是中国可持续发展的内在要求，也是负责任大国应尽的国际义务，这不是别人要我们做的，而是我们自己要做。对内来说，"双碳"目标可以促使中国调整能源结构,推动能源转型和加快能源革命的进程。通过提高能源利用效率和清洁能源的占比,用更低的能源消耗来支撑经济社会的高质量发展,促使社会经济实现由高碳向低碳再向零碳发展的转变。对于碳排放量高、能源消耗高、污染防治困难的如煤炭、石油、化工等行业,促使他们进行技术革新,倒逼企业发展,可以催生一批新技术、新模式、新业务,加快经济发展新旧动能转换,实现社会经济良性健康发展。"双碳"目标是中国重大战略决策,不仅彰显了中国作为世界大国的责任担当,也是推动中国能源结构、产业结构、经济结构转型升级的自身发展需要,对中国实现高质量发展,建设人与自然和谐共生的社会主义现代化强国具有重要战略意义。

1.2 "双碳"目标实现已进入压力叠加的关键期和攻坚期

"双碳"目标的制定为中国指明了碳减排的方向。长期以来,中国在不同阶段提出了碳排放目标,且目标不断具体、细化。如表1-2所示,中国提出了"十一五""十二五""十三五""十四五"和2030年单位国内生产总值能耗目标与单位国内生产总值CO$_2$排放量目标,并且针对目标提出了一系列措施,如非化石能源消耗比例和森林覆盖率等。

中国不同阶段碳排放目标和手段　　　　　　　　表1-2

指标	"十一五"（2006—2010）	"十二五"（2011—2015）	"十三五"（2016—2020）	"十四五"（2021—2025）	2030年目标
单位国内生产总值能耗	下降19.1%	下降18.3%	下降13.7%	比2020年下降13.5%	单位国内生产总值能耗大幅下降
单位国内生产总值CO$_2$排放量	下降20.6%	下降20.0%	下降18.8%	比2020年下降18%	比2005年下降65%以上
非化石能源消耗比例	提高2.0%	提高2.6%	提高3.9%	提高4.1%	提高5.0%以上
森林覆盖率	提高3.2%	—	提高1.33%	提高1.1%	提高0.9%

与此同时，截至2022年，中国单位国内生产总值CO_2排放相比2005年下降约51.2%，超过了中国对国际社会承诺的2020年下降40%～45%的目标。根据英国石油公司（BP）统计，中国非化石能源占一次能源消费比例从2005年的7.4%上升到了2021年的16.6%，可再生能源总消耗量占世界比例从2005年的2.3%提高到2020年的24.57%，位居世界第一。2022年，中国森林面积和森林蓄积量分别比2005年增加5600万hm^2和70.33亿m^3，全国森林面积达到2.31亿hm^2，森林覆盖率达到24.02%，森林蓄积量为194.93亿m^3。中国在碳减排上取得了积极进展，但目前仍然面临巨大的挑战。

目前实现碳达峰的基本是发达国家或地区，例如美国于2007年完成碳达峰，并在同年达到了能源消耗高峰；英国于1971年就完成了碳达峰，并在1996年完成了能源达峰；欧盟整体于1990年完成了碳达峰，并在2006年实现了能源达峰，这是典型的 "双达峰、双下降" 模式。而中国碳排放量和能源消耗量仍然处于 "双上升" 过程，碳达峰的时间越晚，峰值就越高，未来进行碳减排所付出的代价越大，为中国实现 "双碳" 目标带来的阻力和压力就越大。

从碳排放总量来看，1966—2021年世界主要国家和地区CO_2排放量如图1-2所示，从图中可以明显看出，中国碳排放总量在2001年后进入一个快速增长阶段，2020年，中国碳排放总量占世界总量的31.06%，美国的碳排放总量占世界总量的13.87%，欧盟的碳排放总量占世界总量的7.95%。中国的碳排放总量明显超过欧美，且中国碳排放总量大，存量高，技术难度高。此外，欧美等发达国家从碳达峰到碳中和普遍存在50～70年的过渡期[2]，而中国的碳达峰到碳中和时间

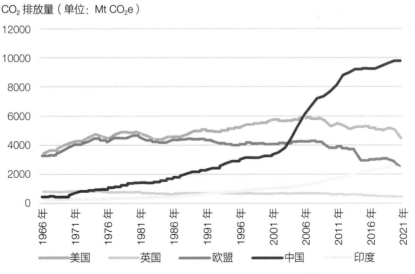

CO_2排放量（单位：Mt CO_2e）

图1-2　世界主要国家和地区1966—2021年CO_2排放量对比

仅有30年，留给中国实现"双碳"目标时间少，带来的压力要远大于其他国家。

从产业结构来看，2022年中国第二产业比重为39.9%，要远高于美国和欧盟的19.0%和20.02%，而第二产业的碳排放量和能耗量要远远大于第一、第三产业。主要原因为中国是制造业大国，在国际分工中主要承担能源消耗强度大的环节，导致的碳排放量要远大于美欧等发达国家。虽然中国正在积极转型，主动向产业链的上下游转移，生产更具有附加值的产品，但由于国际分工格局在短时间内难以出现较大变化，使得"双碳"目标的实现面临严峻挑战。

从能源消耗来看，中国与欧美等发达国家的能源消耗结构不同。如图1-3所示，2021年中国以化石能源消耗为主，所占比例为83.4%左右，其中，煤炭比例高达56.0%，石油和天然气所占比例为18.5%和8.9%，而美国和欧盟的煤炭所占比例为10%和17.5%左右，中国的煤炭占比是美国和欧盟的3倍多。由于煤炭的单位碳排放比石油和天然气高36%和61%左右[3]，因此导致中国单位能源CO_2排放强度比欧美等发达国家高得多。2021年中国化石能源消耗碳排放占世界碳排放比例约为28.9%，这与中国能源消耗结构中以煤炭为主是分不开的，而中国的资源禀赋特征使得以煤炭为主的能源消耗结构难以改变。

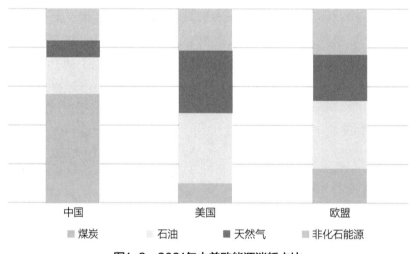

图1-3　2021年中美欧能源消耗占比

现阶段，中国的经济正在逐步实现绿色发展，但由于中国碳排放存量大，碳达峰和碳中和间隔时间短，产业结构中制造业所占比例较高、能源消耗多和能源消耗主要以煤炭为主等因素，使得中国在进行碳减排的过程中面临着诸多的压力。由于不断恶化的全球环境、不断升高的温度和海平面等问题，碳减排活动刻不容缓，实现"双碳"目标已经进入压力叠加的关键期和攻坚期。

1.3 建筑领域系统性减碳是保障"双碳"目标实现的关键着力点

建筑领域是全球主要的碳排放来源之一。如图1-4所示,根据IEA统计的1990—2019年全球碳排放来源测算,工业、建筑、运输是全球CO_2来源最多的行业,主要原因是工业发展过程中需要大量化石燃料的燃烧和电力发电等,从而造成了大量的CO_2排放;从时间维度上看,建筑行业从20世纪末到21世纪初一直在全球碳排放中占有重要比重。如图1-5所示,根据IEA数据显示,2019年全球与主要国家CO_2排放来源,中美英碳排放来源中,建筑行业都占据碳排放来源的较大比重。

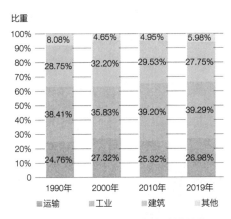

图1-4 1990—2019年全球碳排放来源　　　　图1-5 2019年主要国家碳排放来源

建筑领域脱碳对于"双碳"目标的实现具有重要意义。全球建筑建设联盟发布的《2022年全球建筑建造业现状报告》指出,和其他终端用能部门相比,2021年,建筑部门占全球终端能源消耗量的34%以上,占与能源相关CO_2排放量的37%。建筑部门与能源相关的运营排放达到100亿t CO_2当量,比2020年的水平高出5%。同样的,该报告还指出建筑部门的碳排放在逐年上升,每年的脱碳速度却在下降,照此趋势继续发展下去,建筑领域将无法完成使全球的碳排放总量达到《巴黎协定》的2℃温控目标的要求。为了实现《巴黎协定》,到2050年,全球建筑部门必须完全脱碳。建筑行业的利益相关者必须共同抓住新冠疫情结束、经济复苏期提供的机会,促进该行业的脱碳转型。

建筑领域碳排放涉及的环节多，碳排放减排潜力大。建筑领域碳排放核算主要根据全生命周期各个阶段所产生的碳排放进行分类核算，建筑碳排放全生命周期包括建筑材料生产运输阶段，建筑施工和运行阶段以及建筑拆除阶段。《中国建筑能耗研究报告》统计的2019年全国建筑全过程碳排放总量如图1-6所示，2019年全国建筑全过程碳排放总量为49.97亿t CO_2，占全国碳排放的比重为50.6%。其中建材生产阶段碳排放27.7亿t CO_2，占全国碳排放的比重为28.0%；建筑施工与拆除阶段碳排放1亿t CO_2，占全国碳排放的比重为1%；建筑运行阶段碳排放21.3亿t CO_2，占全国碳排放的比重为21.6%。建材生产和建筑运行阶段占建筑全过程碳排放比重较大。建筑领域可以建材生产阶段和建筑运行阶段为主、建筑施工和建筑拆除阶段为辅进行碳减排。建材生产阶段涉及的活动包括钢材、混凝土、绿色建材等原材料的使用等，建筑运行阶段也同样涉及建筑用能、用暖等活动。所以建筑领域进行碳减排活动所涉及的环节多、范围广，碳排放潜力大，是中国实现"双碳"目标的重要一环。

建筑领域碳排放量高、涉及的环节多使得建筑企业实现"双碳"目标存在一定的难度。"十四五"规划纲要中，建筑和工业、交通等高碳排放量部门并列，成为中国实现"碳达峰碳中和"目标和可持续转型的关键部门，建筑领域的脱碳达峰是实现"双碳"目标的关键，是保障"双碳"目标实现的关键着力点。

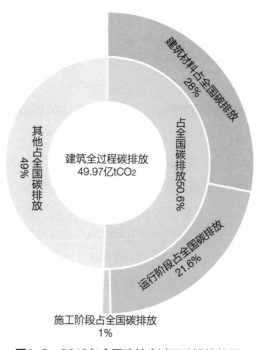

图1-6　2019年全国建筑全过程碳排放总量

1.4 建筑领域"双碳"目标实现路径亟待创新和突破

"双碳"目标为中国带来了一场广泛而深刻的经济社会系统性变革，为中国经济社会的高质量发展指引了方向，也为实现绿色低碳转型提供了重大历史机遇。中国可借此在社会观念、产业结构、能源结构等方面进行全方位深层次的系统性变革，提升国家能源安全水平。"双碳"目标下，高能耗产业的结构调整将成为能源消费强度控制的着眼点之一，以煤炭为主的传统能源地区，将面临主体性产业替换的严重冲击。钢铁、有色、化工、水泥等高耗能产业为主导的区域也将面临同样的挑战。由于建筑行业在运行阶段会产生大量的碳排放，所以需要对建筑运行的用能、用暖方式进行创新。在生产模式上，建筑行业生产链条长、环节多、精准管理难，生产过程中的钢铁、水泥等原材料的生产、运输及现场施工会带来大量的碳排放，这对建筑领域实现"双碳"目标造成较大压力。在全世界范围内，中国是既有建筑和每年新建建筑量最大的国家，2020年中国总建筑面积已经达到了660亿m^2，其中城市住宅292亿m^2，农村住宅227亿m^2，公共和商业建筑140亿m^2，不少建筑在运行时存在高耗能、高排放的现状，为建筑领域实现"双碳"目标带来诸多挑战。

建筑行业是支撑中国基础设施建设绿色低碳发展的基础性行业，同时也是能源消耗和碳排放大户，建筑领域低碳减排发展存在着巨大潜力，也是中国实现碳中和的关键。中国城镇化率和绿色建筑数量的快速增长，为建筑企业碳减排的发展带来了一定的机遇，根据国家统计局的数据，2022年末中国常住人口城镇化率达到了65.22%，《中华人民共和国国民经济和社会发展第十四个五年规划和2023年远景目标纲要》中提出城镇化率2035年要达到75%、2050年达到80%，未来的城镇化进程依然会带动建筑行业的发展。与此同时，绿色建筑的快速发展为建筑领域的碳减排带来了一定的机遇。

近年来，新建建筑中绿色建筑的比例大幅增长，住房和城乡建设部最新数据显示，2022年中国新建绿色建筑面积占新建建筑的比例已经超过90%，全国新建绿色建筑面积已经由2012年的400万m^2增长至2021年的20亿m^2。在政策支持上，为了建筑领域绿色低碳发展，国家和各省份采用"行政命令"和"经济激励"相结合的制度体系来推进建筑领域进入减排"快车道"。《"十四五"建筑节能与绿色建筑发展规划》明确指出，到2025年，城镇新建建筑全面建成绿色建筑，建筑能源利用效率稳步提升，建筑用能结构逐步优化，建筑能耗和碳排放增长趋势得到有效控制，基本形成绿色、低碳、循环的建设发展方式，为城乡建设领域2030年前碳达峰奠定坚实基础。此外，全国统一碳排放权交易市场将建筑行业纳入其中，也为建筑领域实现"双碳"目标提供了一定的机遇。

　　建筑领域节能减排对缓解中国环境、资源和碳排放压力，促进中国经济高质量发展具有重要意义。伴随着城镇化和绿色建筑的政策支持，未来建筑领域会得到快速的发展。但是，由于建筑领域所涉及的生产环节多、链条长、精准管理难，以及目前建筑领域所面临的能源消耗总量和碳排放快速上升的趋势，会给未来的全社会降低用能和碳排放带来一定的困难。在实现建筑领域"双碳"目标时，要在实现路径上进行创新和突破，在满足人民日益增长的美好生活需要的同时，合理约束中国建筑用能和碳排放增长速度，推动建筑领域在规定时间内完成"双碳"目标。

第 2 章

国内外建筑领域绿色发展的典型观点与经验

2.1 建筑领域典型绿色发展策略

目前国内外对于建筑领域减碳路径的分析,一是从上层建筑的视角提出建筑领域实现低碳运行的宏观发展战略,二是从微观层面对建筑领域减碳进行研究,国内多聚焦某一建筑生命阶段开展路径研究,而国外的研究主题则更为分散。

2.1.1 宏观转型策略分析

对于建筑领域"双碳"目标实现的宏观转型策略分析,目前多数国内专家学者指出需要把握新建建筑规模控制、既有建筑节能改造、建筑用能低碳化、建筑能效水平提高四大重点任务,通过政策法规完善、标准指标构建、低碳技术创新以及交易市场发展四个方面构建中国建筑领域低碳发展路径。同时,国外也有少部分专家学者基于宏观层面,对建筑领域绿色发展开展路径规划及策略研究。总体来看,目前建筑领域减排策略缺乏系统性分析,分析关注点较为分散。

梁俊强等(2021）[4]提出要建立建筑领域碳达峰碳中和约束性目标指标体系,构建政策、标准、技术、数据统计支撑体系,建立绩效评价和政绩考核体系。周海珠等(2021）[5]在《建筑领域绿色低碳发展技术路线图》中从政策建议、标准规范、技术体系、市场模式等方面提出建筑领域绿色低碳发展重点任务。同时围绕北方城镇集中供暖、公共建筑、城镇住宅和农村住宅四个关键用能分项,分别进行技术实施路径研究。中国建筑节能协会会长武涌(2022）[6]多次提出"新三步走"战略,即从源头节能,由低能耗建筑,到零能耗建筑。同时要大力推进构建五大体系:政策体系、指标体系、标准体系、技术体系以及从业人员能力体系。袁闪闪等(2022）[7]基于情景分析测算了中国CO_2排放趋势,提出低碳清洁取暖、可再生能源应用、建筑节能改造、合理控制建筑规模等重要举措。中国建筑科学研究院魏峥等(2023）[8]在对中国公共建筑节能进行分析中,提出中国建筑领域低碳发展既要加强政策的系统性与协同性,又要充分发挥市场机制的作用。林波荣(2022）[9]指出要关注到既有建筑的低碳改造,并针对中国的实际情况提出用能柔性化、材料高新化、设计智能化、环境人因化、运维智慧化五大建筑碳减排发展策略。胥小龙等(2022）[10]则认为要重点推动建筑用能清洁化和建筑用能效率的提高,从而快速平稳实现建筑领域碳达峰碳中和。黄献明

（2022）[11] 从政策层面和技术层面对建筑领域的低碳发展进行论述，并提出设置分阶段减碳路径。蒲云辉等（2022）[12] 从不同主体出发，提出政府建立健全约束和激励机制、建设者贯彻落实全生命周期低碳技术、规范建筑建材的低碳标识三大路径。

Huang et al.（2018）[13] 着眼全球建筑部门，对其碳排放情况进行统计分析，指出三个关键路径：促进低碳建材及服务的开发使用、建筑设备的能源效率以及可再生能源的使用。Guo et al.（2022）[14] 认为建筑部门需具备"需求充足、结构脱碳、负荷灵活"的特点，首先政策层面要明确能源消费总量和碳排放目标，加大能源结构调整力度，同时要进一步推进建筑提高电气化和负荷灵活性、改革农村能源体系、减少施工过程排放等减排路径实现。Ali et al.（2020）[15] 提出了政策影响评估的重要性，并认为所有相关主体都必须有效发挥作用，以共同推动建筑领域二氧化碳排放量的减少。

2.1.2　微观发展战略分析

就中微观层面的建筑领域绿色发展研究来看，国内现有观点多聚焦某建筑生命阶段，对建筑领域的减碳路径进行规划。目前的研究方向集中在建筑建造、建筑运行以及建筑技术体系完善，其中，由于建筑运行阶段碳排放量在全生命周期中比例最大，相关研究也更为丰富和深入。而国外在微观层面上的研究主题较为分散，且更为具象化，如通过建筑部门碳排放核算挖掘可能实现的减排路径、研究某种技术或运营方式对于建筑低碳化运行的贡献等。

住房和城乡建设部陈伟等（2021）[16] 聚焦建材行业提出构建工艺减碳、能源降碳、技术补碳、利废换碳、智慧节碳的技术实施路径，同时指出要配合相关政策建议及标准体系、交易市场等保障措施。毛志兵（2021）[17] 抓住全生命期、全过程、全参与方的特征，提出通过加强顶层机制设计、突破关键技术、推动转变生产方式、全产业链协同减碳四个方面推动建筑建造实现低碳发展目标。李丛笑等（2022）[18] 建立"绿色化、工业化、信息化、集约化、产业化"的绿色建造低碳技术路径，并从顶层设计引领、技术体系和标准完善、碳排放管理、产业支撑机制保障等方面给出相关建议。中国建筑科学研究院徐伟等（2021）[19] 对中国的建筑运行阶段碳排放进行了中长期预测，基于测算结果提出提升新建建筑能效、建筑可再生能源利用、既有建筑节能改造三步走的发展策略。中国工程院院士江亿（2022）[20] 提出两大方向——减少新建建筑和改造既有建筑，同时指出建设农村零碳新型能源系统，建立城镇建筑+充电桩的"光储直柔"调节机制等创新方式推动建筑领域绿色发展。郁泽君等（2021）[21]选取相应工程实例对比了同规格传统工艺建筑的碳排放量，得出建筑运行阶段减碳的四个重点优化路径，即建筑外隔墙保温系统、建筑能源管理系统、建筑照明系统以及建筑供暖系统的能效提升。中国建筑科学研究院魏峥等（2023）[8]结合中国公共建筑节能工作的开展现状，指出了目前比较适合大规模应用的技术，如超低/近零能耗建筑技术，零碳建筑/园区/城区技术体系，超低/近零能耗建筑等高性能建筑体系的性能化设计流程，高效用能系统及关键设备技术等。上海朗绿建筑科技副总裁谢远建（2022）[22]基于市场应用的经济性角度，对目前实践广泛的建筑低碳技术及未来发展前景进行分析，主要包括智慧运行、超高能效设备系统、被动式超低能耗建筑技术、能源替代、全过程碳管理五类减排技术。

Deakin et al.（2020）[23]通过分析澳大利亚15年间的建筑领域CO_2排放情况，发现建筑运行中所使用的电力、天然气和供水环节贡献了最多的CO_2排放，其次则是建造建材，并基于此提出提高能源生产率、推动相关产业结构绿色转型升级等政策建议。Bui et al.（2022）[24]研究团队与新西兰近20个建筑行业专家进行结构化访谈，总结指出目前建筑领域低碳化发展面临着资金、知识、能力、立法和文化等方面的不足与障碍，最为关键的是未形成全产业链的绿色竞争力，提出应率先从技术与能力层面推动建筑行业绿色化发展。Reddy（2009）[25]基于印度建筑部门的相关统计数据及案例，分析了能源密集型材料对碳排放和可持续发展的影响，同时比较传统和替代材料建筑的碳排放总量发现使用可持续性材料的建筑系统排放减少了近50%，此外也指出建筑垃圾循环使用的潜在可能性。Winchester, Reilly（2020）[26]评估了美国用木质建材取代钢铁和水泥等碳密集型建筑投入后，对化石能源使用及CO_2排放的影响和经济效益，最终发现，在碳限额与碳交易政策下，木质建材能够显著降低建筑行业满足碳限额的成本。证实了绿色建材发展能够显著促进建筑领域低碳目标的实现。Chicaiza et al.（2021）[27]则提出了减少温室气体排放的两种主要途径之一应为捕集和封存CO_2，并重点分析CCS（碳捕集与封存）技术的应用和贡献，结合建筑领域的实践案例，指出碳捕集和封存技术对于建筑领域碳减排的重要促进作用。

2.2　建筑企业绿色低碳发展案例

此外，本书汇总了国内外各类建筑企业低碳发展路径及策略，如表2-1所示，欧洲相关知名建筑企业在低碳发展的策略上集中于通过全方位多层次减排，最终结合具体产业实际形成高效合理的企业低碳发展路径，详细案例内容可见附录A。

建筑企业减排案例　　　　　　　　　　　　表2-1

企业	主营业务	减排路径概述
法国布依格集团	建筑与土木工程、能源与服务、房地产开发和交通基础设施等	对旗下子公司制定**具体的目标要求**，对于建筑相关业务的三大子公司来说，提出要在2030年前至少减少30%的碳排放，要从不同角度改革目前的业务情况，比如使用的**原材料从原来的水泥为主转化为木材**，承诺到2030年30%的项目将只使用木材作为主要结构。另外要**在施工中降低能耗**，如Colas子公司推出的半热半冷沥青混合EcoMat，比传统的沥青在施工过程中减少45%的碳排放。采用**更可靠的碳审计计算以及开展产品生命周期碳评估**
英国零碳工厂建筑事务所	低碳建筑设计和开发	收集大量实例建筑的碳排放数据，开发出**建筑全生命周期计算科学的方法论**，从而在建筑设计阶段更精准地为建筑预测碳排放量。提高**可再生能源的使用**，同时配套使用**适宜的储能设备**。另外开展建筑功能的研究以及人员行为的研究。配套开发了一系列周边产品，大到可移动的装配式房屋，小到储能自行车或防水隔膜等
法国万喜集团	全球领先的建筑企业，已形成特许经营、能源、建筑、房地产的业务布局	万喜形成了**"一源一策"推进降碳**（降低直接碳排放及降低间接碳排放）、打造**循环经济**、**完善管理体系**三方面的低碳布局，全方位协同推进建材生产、建筑施工、建筑运行与建筑拆除回收四个阶段节能降碳
奥地利斯特拉巴格公司	提供全球范围内的建筑、工程、设计和管理咨询业务	斯特拉巴格在2021年采纳了新的可持续发展战略，将其融入长期发展战略，并针对不同业务单元制定适应性策略。通过新的技术开发和对自然环境的关注，斯特拉巴格确定了从三个方面实现低碳转型，分别是**碳排放、材料与循环，以及数字化、流程和创新**
法国圣戈班集团	生产、加工并销售高技术材料、建筑材料等并提供相应服务	2020年，集团制定了2050年碳中和的路线图，并更新2030年的减排目标。主要措施包括：**产品设计和创新**，采用更少碳密集的原材料，以及寻找可替代的环保材料，减少产品碳足迹。同时还**推动制造流程的创新和研发**，以提高能源效率，减少碳排放。发展能源转型和碳捕获。**引入内部碳定价机制**，鼓励使用低碳技术等
中国建筑集团	建筑、工程设计、能源、房地产开发和交通基础设施等	**九大重点行动：**强化绿色发展顶层设计、开展节能降碳增效行动、加强低碳建设投资运营、提升绿色勘察设计水平、推进绿色建造方式变革、加大低碳业务转型力度、加快绿色低碳科技创新、布局绿色金融与碳交易、打造建筑领域碳圈生态

第 **3** 章

建筑领域碳排放现状、趋势及达峰情景预测

3.1 建筑领域的范围界定

首先需要明确本书涉及的建筑、建筑业和建筑领域三者的概念。建筑的概念可大可小，主要指现存的单个或全体建筑物；建筑业是国民经济中的物质生产部门，主要指负责设计、施工、维修和拆除等环节的建筑工程企业；建筑领域则是包含建筑业在内的，所有与建筑相关的全产业链概念。建筑和建筑业可以视为建筑领域的子集，建筑是建筑业的结果，建筑业是建筑的形成过程。

本书的主要研究对象是建筑领域碳排放及其"双碳"目标的实现路径。由于建筑领域是包含建筑业及其他与建筑相关主体的全产业链概念，故建筑领域碳排放需要考虑建筑全生命周期碳排放。

建筑全生命周期碳排放是建筑材料生产运输阶段、建造施工阶段、运行阶段和拆除处置阶段等四个部分使用能耗所产生的碳排放总和。其中建筑材料生产用能是指从原材料进入工厂到建材成品出厂过程中直接或间接的生产系统能耗；建材运输用能指建材从出厂到施工工地过程中建材运输车辆用能。建造施工阶段用能是指从现场施工到竣工交付期间的施工现场所有直接或间接的能源消耗。运行阶段用能是指建筑使用过程中由外部输入的能源，包括维持建筑环境的用能（如供暖、制冷、通风、空调和照明等）和各类建筑内活动的用能（如办公、家电、电梯、生活热水等）。拆除处置阶段用能是指建筑拆除施工现场的直接或间接的能源消耗以及建筑垃圾处理和回收阶段的车辆运输能耗，该阶段的碳排放核算需减去因材料回收利用所节约的碳排放。以上四个阶段的碳排放等于各自的能耗乘以对应的碳排放因子。

除常见的四阶段划分法外，建筑全生命周期还可以分为物化阶段、运行阶段和拆除阶段。建筑物化碳排放包括从建材生产到建筑完成建造交付使用之前的所有阶段的碳排放；建筑运行碳排放是指建筑物使用过程碳排放，包括照明、采暖、空调和各类建筑内使用电器的能耗及产生的碳排放；建筑拆除阶段碳排放是建筑拆除现场以及废弃物运输回收阶段的碳排放。

两种阶段划分法囊括的总体范围是一致的，细节分割上有些许不同。由于建材生产过程属于工业而非建筑业范畴，建筑业碳排放仅包含建造施工和拆除两个阶段，为了更好地区别两者，本书选择将建筑领域碳排放分为建筑材料生产运输阶段、建造施工阶段、运行阶段和拆除处置阶段等四个阶段的碳排放。

3.2　建筑领域碳排放核算方法

　　建筑领域是包含建筑业及其他与建筑相关主体的全产业链概念，建筑领域能耗和碳排放是指建筑全生命周期能耗和碳排放。针对碳排放的核算，可以利用碳排放因子对能源消耗量进行转换从而测量碳排放，或者利用设备直接监测碳排放，但后者在实际操作中使用较少，排放因子法为碳排放核算中的主流方法[28]。建筑领域碳排放涉及全生命周期概念，需要采用生命周期评估的方法进行计算。生命周期评估法致力于评估产品从摇篮到坟墓的所有资源输入和输出对环境的影响，过程法和投入产出法是生命周期评估过程中常见的两种思路，除此之外，基于两者优势开发的混合法也受到越来越多的重视。三者构成了生命周期评估模型的基本方法。

　　过程法聚焦于评估对象生命周期每一个过程的输入和产出，是典型的自下而上的方法，具有准确性和针对性。基于清单分析的过程法能够反映每个进程实现的详细信息，可以达到目标过程所需的细节水平，因此被广泛应用[29, 30]。过程法能针对具体过程进行详细的碳排放拆解与分析，获得的结果相对准确，且便于数据更新。这些优势也导致了基于过程的模型需要广泛的数据，从而造成繁复的工作量和大量的时间成本。受制于客观条件和部分数据收集难度，过程法不可避免地需要忽视一些次要环节，从而造成计算系统边界定义的不完备，使得结果存在截断误差。

　　投入产出分析法是里昂锡夫于20世纪30年代研究并创立的一种反映经济系统各部分之间投入与产出数量依存关系的分析方法，常被用于研究国民经济各部门间的平衡关系。这种原本的货币交易流量逐渐演变成各部门间以固定比率投入和产出的物质流，削弱了过程法的复杂细节，为探究各部门之间的物质流提供了有力的工具。国家的投入产出表通常被认为反映了当前所有的交易活动，所以相较于过程法而言，投入产出法拥有更完整的系统边界，增强了研究的综合性[31]。投入产出法用经济流动反映能量流动过程，运用投入产出表进行相关计算，在宏观层面的系统边界较为完善，能够较好地反映建筑业带动的上下游隐含碳排放的总量[32]，但也存在一定的局限性：一是投入产出表每五年更新一次，中途的投入产出关系变化难以观测；二是为了统计方便，需要对不同的工业部门分类进行整合，这个过程容易导致数据错误；三是能源供应部门会重复核算[33]。投入产出法针对具体碳排放过程的准确性不高，而过程法能够较好地弥补这个缺陷。

为了融合过程法和投入产出法的优点，减少各自的误差，学者们开始研究将二者有机结合的混合法[34]。根据选择的基础模型不同，混合法可以分为基于过程的混合法和基于投入产出的混合法。基于投入产出的混合法常见的思路是在边界较广的涉及供应链的典型范围内使用投入产出法，过程法则作为特定过程的细节补充。基于过程的混合法则相反，通过过程分析来计算基础排放，而投入产出分析作为补充。但混合法也存在着聚合误差，因为在融合两个模型的过程中存在更多的估计，而不一定是更好的估计，它是否会导致比截断误差更大的相对误差依然存在争议[35, 36]。

考虑到投入产出表数据具有一定的时滞性，而建筑生命周期碳排放核算边界较为清晰，且有宏观统计年鉴数据可供参考，本书采用过程法进行建筑领域碳排放的核算。具体计算公式及数据来源参见附录B。

3.3 建筑领域能耗与碳排放现状及发展趋势

3.3.1 建筑领域能耗与碳排放现状

2020年中国建筑领域能源消费总量为21.95亿tce，占全国能源消耗总量的44.05%，其中建材生产阶段能耗为11.48亿tce，占建筑领域能耗总量的52.3%，建造拆除阶段的能耗为0.93亿tce，占建筑领域能耗总量的4.24%，运行阶段能耗为9.54亿tce，占建筑领域总能耗的43.46%（图3-1）。建筑领域占据了全国近一

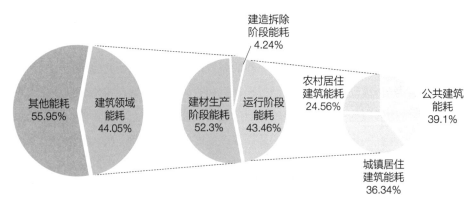

图3-1　2020年建筑领域能耗占比

半的能源消耗量，能耗主体集中在建材生产阶段和运行阶段。就运行阶段而言，公共建筑、城镇居住建筑和农村居住建筑的能耗占比差距不大，整体分布较为均衡，公共建筑的能耗占比相对更高。

2020年中国建筑领域碳排放总量为52.38亿t，占全国碳排放总量的52.94%；其中建材生产运输阶段的碳排放量为28.35亿t，占建筑领域碳排放总量的54.12%；运行阶段碳排放为22.36亿t，占建筑领域碳排放总量的42.69%；建造和拆除阶段碳排放为1.67亿t，占总量的3.19%。就建筑类型而言，2020年城镇居住建筑的运行碳排放为8.19亿t，占运行阶段总排放的36.63%；农村居住建筑的运行碳排放为4.65亿t，占比为20.8%；公共建筑的运行碳排放为9.52亿t，占运行阶段总排放的42.57%。与能源消耗量不同，建筑领域碳排放已超过全国碳排放的一半，其余各部分占比与能耗占比相似（图3-2）。

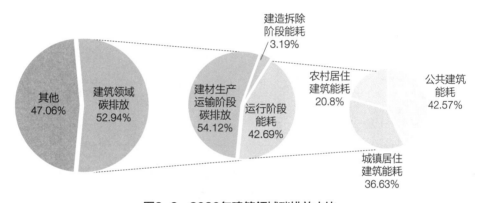

图3-2　2020年建筑领域碳排放占比

建筑领域能耗和碳排放现状表明，建筑领域能源消耗量大，碳排放占比高，在"双碳"目标的背景下，拥有较大的减排压力和较强的减排潜力。

3.3.2　建筑领域能耗发展趋势

2004—2020年，建筑领域能耗整体呈上升趋势，由2004年的6.74亿tce增长到2020年的21.95亿tce，是2004年的3.26倍（图3-3）。"十一五"期间（2006—2010年）建筑领域能耗增速较为稳定，平均增长率为11.78%。"十二五"期间（2011—2015年）的增速波动较大，这个波动主要来源于建材生产阶段的能耗变动，不排除是年鉴数据中建材统计口径出现了问题。"十三五"期间（2016—2020年）建筑领域能耗增速明显放缓，并在2020年出现了负增长，其主要原因在于住房和城

图3-3 2004—2020年建筑领域能耗变化趋势

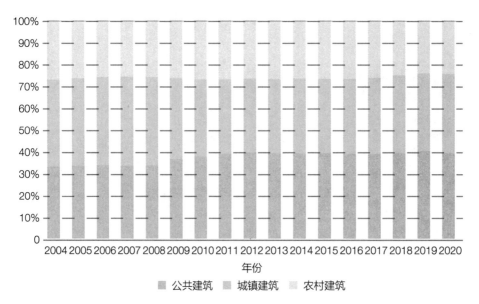

图3-4 不同类型建筑运行阶段能耗占比

乡建设部发布的"十三五"规划中下调了建筑业增加值年均增速,并且大力推动建筑节能与绿色建筑的发展,使得建筑领域能耗增速有所放缓。

不同类型建筑运行阶段能耗占比较为稳定(图3-4),公共建筑有略微上升趋势,占比保持在30%~40%,农村居住建筑有下降趋势,占比为20%~30%,城镇居住建筑则保持在30%~40%。

3.3.3　建筑领域碳排放发展趋势

2004—2020年建筑领域碳排放与能耗的变动趋势基本一致（图3-5）。不同时期的变动方向也基本相同。"十一五"期间（2006—2010年）建筑领域碳排放平均增速为14.51%，高于同时期能耗的增速；"十三五"期间（2016—2020年）碳排放平均增速为4.67%，略高于同时期能耗增速；"十三五"期间建筑领域碳排放增速逐渐趋于稳定，并有了放缓的趋势，若不考虑"十二五"期间不合理的巨大波动，2020年碳排放增长率出现了首次负值，碳排放值相较于2019年有所下降，说明建筑领域减排政策颇有成效。

建筑领域碳排放强度通常有两种度量方法：一种是基于建筑面积的碳排放强度，即考察每平方米建筑面积产生的碳排放量；另一种则是基于经济产出（如GDP）的碳排放强度，即单位产出值中包含的建筑碳排放量。接下来将对这两类碳排放强度的变化趋势进行分析。

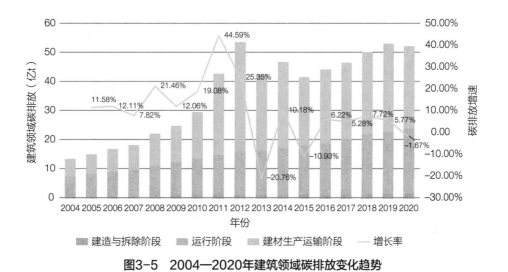

图3-5　2004—2020年建筑领域碳排放变化趋势

对于基于建筑面积的碳排放强度，考虑到建材生产运输阶段和建造拆除阶段碳排放主要与每年建筑面积增量有关，而运行阶段碳排放与建筑存量密切相关，故分别基于建筑施工面积和房屋建筑面积存量计算建筑物化阶段碳排放强度和运行阶段碳排放强度（图3-6）。由于建材生产是高能耗高排放的工业过程，物化阶段碳排放强度明显高于建筑运行阶段碳排放强度，物化阶段碳排放强度处于$200 \sim 250 \text{kg/m}^2$（不考虑2011年与2012年建材统计值的不合理突变），运行阶段碳排放强度基本处于$25 \sim 35 \text{kg/m}^2$。

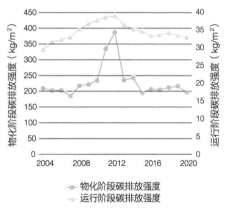

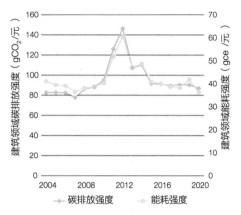

图3-6 基于建筑面积的碳排放强度　**图3-7 基于GDP的建筑碳排放和能耗强度**

由于工业流程和建造方式改进变动不大，物化阶段碳排放强度尚未出现明显的下降趋势。而运行阶段碳排放强度在2004—2011年间一直保持上升趋势，2012年之后有所回落，碳排放强度逐渐降低。21世纪以来，中国经济高速发展，城镇化率不断提高，居民生活条件得到显著改善，家用电器持有量大幅度提高，第三产业的兴起使公共建筑对办公设备、照明、空调通风系统等设施需求迫切，使得运行阶段碳排放强度不断攀升。"十一五"期间提出的建筑节能目标虽然没有立刻降低该时期的运行阶段碳排放强度，但为之后的建筑节能减排工作打下基础，"十二五"期间强调了新建建筑严格落实强制性节能标准，既有建筑进行节能改造等建筑节能重点任务，使得运行阶段碳排放强度在2012年之后开始下降。

考虑到通货膨胀等因素，在计算基于GDP的建筑领域碳排放强度时，以2004年为基期对名义GDP进行了平减调整。为方便变化趋势对比，在折线图中加入了同时期的建筑领域能耗强度变化曲线（图3-7）。建筑领域碳排放强度与能耗强度变动基本保持一致，除了"十二五"期间建材数据的突变外，其他时期的强度变动不大，"十三五"期间有略微下降的趋势。

总体而言，建筑领域的能源消耗总量和碳排放总量在经历过长时间快速增长之后，在近年来增速逐渐放缓，并于2020年出现了下降趋势。不同类型建筑能耗比例基本稳定，公共建筑依然是建筑运行阶段节能减排的重点关注对象。建筑领域碳排放强度在2012年左右达到峰值并开始逐渐下降，建筑领域的节能减排工作初显成效。

3.4 中国建筑领域碳排放的空间差异性

3.4.1 建筑领域碳排放的空间分布特征

2020年建筑领域碳排放总量最高的省份前三名为江苏（4.44亿t）、浙江（4.39亿t）和福建（3.50亿t），均为东部沿海地区。建筑领域碳排放总量最低的省份前三名为海南（0.16亿t）、青海（0.17亿t）和宁夏（0.18亿t）。不同省份间的碳排放量差异悬殊，江苏建筑碳排放是海南的27倍，东部沿海地区的碳排放普遍高于西部地区。

从2005—2020年各省份的建筑领域碳排放变化来看，由于经济和人口的增长，各地建筑领域碳排放都有所增加。2005年东西部碳排放就已经显露出不均衡态势，随着时间的推移，这种地区差异被进一步扩大。山东、江苏、浙江、福建、广东、四川等省份的建筑碳排放保持较快的增长速度，而青海、甘肃、新疆、广西、海南等地的建筑碳排放则增长缓慢。改革开放以来，东部沿海地区依靠区位优势和先发优势，实现了率先发展。东部地区以环渤海、长三角、珠三角三大经济圈为支撑，积极推动城市群建设，吸引了大量的外来人口。房价在需求的刺激下不断飙升，市场的兴盛催生了大量的房屋建造活动，使得建筑物化阶段碳排放不断增加。除此之外，城市快速发展的过程会促进第三产业的繁荣和居民生活水平的提高，这又进一步加重了建筑运行阶段的碳排放。而四川作为中国西部第一人口大省和建筑业大省，建筑业总产值位列前茅，建筑领域碳排放量明显高于其他西部省份。中部省份建筑领域碳排放增长速度低于东部沿海地区，但高于除四川外的西部地区。

不同于东中西部地区省份碳排放变化的明显差异，中国纵向气候分区的建筑领域碳排放差异却并不明显，各气候分区之间并没有呈现突出的变化格局。相较而言，夏热冬冷地区高建筑碳排放省份较多，可能的原因在于其需要兼顾夏季防热和冬季保暖的需求，从而增加了建筑运行阶段的能耗需求。

3.4.2 建筑领域碳排放的区域差异分解

中国建筑领域碳排放呈现东部高西部低的东中西部非均衡态势，接下来利用Dagum基尼系数及其分解方法来研究中国建筑领域碳排放的非均衡格局。与传统基尼系数相比，Dagum基尼系数具有能够测度地区差异主要来源的优势。Dagum基尼系数计算公式为：

$$G = \frac{\sum_{j=1}^{k}\sum_{h=1}^{k}\sum_{i=1}^{n_j}\sum_{r=1}^{n_h}|y_{ji}-y_{hr}|}{2\mu n^2} \tag{3-1}$$

其中μ表示各省份建筑领域的平均碳排放量，n表示省份个数，y_{ji}/y_{hr}表示第j/h区域内省份的建筑领域碳排放。Dagum基尼系数可分解为区域内差距贡献（G_w）、区域间差距贡献（G_{nb}）和超变密度（G_t），分别度量了区域内省份的碳排放差异、区域之间省份的碳排放差异和区域间交叉项碳排放差异对总体区域差异的贡献程度。

从地理位置和经济发展水平角度出发，中国可划分为东、中、西部地区，考虑到东北区域振兴问题，国家统计局和发展改革委在进行区域划分时将东北地区作为独立区域[①]。本书暂不单独讨论东北区域问题，采用更为宏观的东中西部区域划分法，各区域包含省份及城市如表3-1所示。

东中西部区域划分 表3-1

区域	省份及城市
东部地区	北京、天津、河北、上海、江苏、浙江、福建、山东、广东、海南、辽宁
中部地区	山西、安徽、江西、河南、湖北、湖南、黑龙江、吉林
西部地区	内蒙古、广西、重庆、四川、贵州、云南、陕西、甘肃、青海、宁夏、新疆

基于这样的区域划分方式，利用Dagum基尼系数测算了2005—2020年中国30个省份的建筑领域碳排放的总体基尼系数及各区域内的基尼系数（图3-8），基尼系数越大表示各地区的差异越大。不考虑2011年和2012年的异常数据，中国建筑领域碳排放总体基尼系数处于较高水平，介于0.35~0.4，总体较为稳定，2014年以来有略微下降趋势，说明中国各省份的建筑领域碳排放一直存在较大的地区不均衡性，但这种不均衡性在近年来有所缓解。这样明显的不均衡性也体现在东部和西部区域内的省份之间，东西部区域内的基尼系数相近，都是从2005年的0.3左右逐渐增长到2020年的0.35左右。相较而言，中部区域内各省份之间的差异则相对较小，整体处于0.2左右。但它们均呈缓慢的波动上升趋势，意味着中国东中西部区域内的省份差异在逐渐扩大。中部区域的基尼系数在2012年和2014年

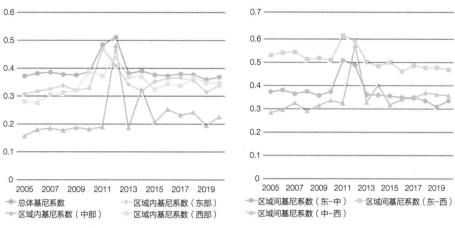

图3-8　建筑领域碳排放的总体及区域内差异　　图3-9　建筑领域碳排放的区域间差异

有较大的异常波动，年鉴数据里的异常值很可能存在于中部地区的省份之中。

图3-9则刻画了区域间的建筑碳排放差异及其演变态势。东西部组间基尼系数最大，在0.5左右波动，说明东部与西部省份的建筑碳排放是所有区域间差距最大的一组，东部与中部的差距次之。2013年以来东部与西部、东部与中部的差距在缓慢缩小，表现为基尼系数的逐渐下降，但中西部间的基尼系数却逐渐上升，并于2017年稳定超过东中部的基尼系数值。东部省份的先发优势使得其发展远远领先于其他区域的省份，高速发展的过程伴随着大量建筑碳排放的产生，故东部地区的建筑领域碳排放与其他区域保持着较大的差距。但随着时间的推移，东部地区相对饱和的人口数和已经发展成熟的城市体系使得建筑领域碳排放增速放缓，而中部和西部地区还存在较大的发展潜力，在奋起直追的过程中与东部的差异持续缩小，区域发展的协调性逐渐增强，但中部地区的发展速度明显快于西部地区，使得东中部基尼系数下降速度快于东西部，且中西部基尼系数逐渐增加，中西部之间的差距开始扩大。在未来，中部地区省份或将成为建筑领域碳排放新的增长点。

为探究各省份建筑领域碳排放差异的主要来源，利用Dagum基尼系数分解模型计算了区域内差异、区域间差异和超变密度对总体差异的贡献率（图3-10）。2020年建筑领域碳排放的区域内差异贡献率为29.14%，区域间差异贡献率为45.24%，超变密度贡献率为25.62%。从贡献率的动态演变趋势来看，区域间差异依然是总体差异的主要贡献者，但其贡献率已经从2005年的62.75%下降到如今的45.24%，与之相对应的超变密度贡献率在逐渐上升，意味着区域间省份的建筑领域碳排放交叉重叠现象增多，即每个区域都包含了高建筑碳排放省份和低建筑碳排放省份，东中西部区域间的分化态势在逐步缩小。

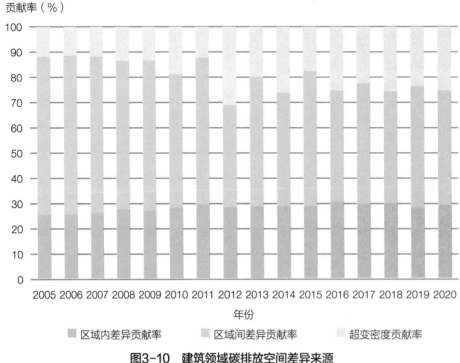

图3-10　建筑领域碳排放空间差异来源

3.5　基于建筑类型差异的单体建筑碳排放对比分析

　　本书选择了17个不同地区不同类型的单体建筑案例进行分析，包括了全国不同位置、不同气候、不同类型以及不同环保能源政策下的建筑，保证所选案例覆盖大多数常见建筑类型，并通过这些案例分析建筑碳排放的影响因素。具体案例见附录C。

　　在建筑碳排放案例的整理过程中对数据进行归一化处理，出现异常或极端值时选择剔除，以50年为全生命周期，计算得出最终分析数据，结果如下。

3.5.1　建材生产阶段

　　表3-2展示了目前建材生产阶段的单体建筑碳排放现状。

建材生产阶段单体建筑碳排放现状 表3-2

地址	方位	国家统计局划分方法	类型	案例来源	单位面积碳排放（kg/m²）
上海	中	东	大型公共建筑	上海建工集团股份有限公司	1404.76
北京	北	东	大型公共建筑	北京科吉环境技术有限公司	1434.11
南京	中	东	商业、办公用房	东南大学建筑设计研究院有限公司	1446.23
厦门	南	东	写字楼	—	1474.57
云南	南	西	公共建筑	—	1510.08
广州	南	东	校内建筑	—	1880.24
重庆	中	西	设计院建研楼	重庆市设计院有限公司	2816.35
山西	北	中	公共建筑	—	3675.56

通过对表3-2中的相关数据进行分析可以得出：

1. 地理位置差异

就南北差异而言，中部地区冬夏温差较小，建材使用过程中相较于南北地区来说，较少考虑保温或防潮效果。南方由于雨季较多，考虑防湿防潮，和北方及中部地区相比，单体建筑会使用到较多防水卷材，这在某种程度上提高了单体建筑碳排放。北方由于考虑保温效果，水泥、混凝土、砂石的使用量较多，建材生产过程中建筑碳排放增加。

东西部地区的建筑生产阶段碳排放差异主要受环境、气候条件及社会绿色意识等方面影响。东部地区离海洋近，受海洋影响大，海洋水汽容易到达，降水多，气候湿润，单体建筑会使用到较多防水卷材。由于东部地区经济发展更强，政策更加收紧，对碳排放要求更高，因此在建材生产过程中会降低控制碳排放。西部地区在建材生产过程中，对碳排放管控较低，碳排放大于东部地区。

2. 建筑类型差异

从公共建筑、商业建筑、校内单体建筑三个建筑类型的碳排放现状来看，公共建筑和商业建筑在后期运营过程中，一般考虑室内服务效果，会大量用电维持良好环境氛围，所以在前期建造过程中使用建材不够考究，这个阶段碳排放较少。校内单体建筑由于使用频次较高、人流量较大、使用年限一般高于其他类型建筑，且针对学生特定群体，所以在建造过程中更加重视其保暖防潮等效果，并考虑到在后续运行阶段尽量减少碳排放，在前期建造阶段会更加重视建材使用，所以这个阶段其碳排放较高。

3.5.2 建材运输和建筑施工阶段

表3-3为建材运输和建筑施工阶段的单体建筑碳排放现状。

建材运输和建筑施工阶段单体建筑碳排放现状 表3-3

地址	方位	国家统计局划分方法	类型	案例来源	单位面积碳排放（kg/m²）
北京	北	东	大型公共建筑	北京科吉环境技术有限公司	2.32
广州	南	东	校内建筑	—	9.59
西安	北	西	住宅项目	—	17.93
云南	南	西	公共建筑	—	23.24
山西	北	中	公共建筑	—	33.46
重庆	中	西	设计院建研楼	重庆市设计院有限公司	44.89
上海	中	东	大型公共建筑	上海建工集团股份有限公司	60.20
南京	中	东	商业、办公用房	东南大学建筑设计研究院有限公司	71.06

通过对表3-3中的相关数据进行分析可以得出：

1. 地理位置差异

在建材运输和建筑施工阶段，偏南或偏北地区的建筑碳排放较中部地区有较大差异，一方面南北地区在运输及建造过程中的限制因素较少，例如南方地区道路建设发达，可采用多种运输方式；北方地区地形开阔、路线选择丰富、污染控制条件较为宽松等；而中部地区城市道路和建筑密集，且碳减排压力大，而同时如重庆等中部地区也存在着地形地貌特殊、城市运输要求复杂等问题，这就使得南北地区在建材运输阶段较中部地区产生更少的碳排放。

在这一阶段东西部单体建筑碳排放差异则主要体现在建筑施工环节，东部地区由于经济发展水平较高，碳排放政策更为严格，这就要求各建筑在施工过程中积极采用低碳绿色的建造方式，减少对传统能源的使用等，使得东部地区整体而言在建筑施工阶段实现了较低的碳排放量。而表3-3中出现两例东部建筑物化阶段碳排放的异常值，这可能是由建筑类型的差异和项目需求差异等原因导致的。

2. 建筑类型差异

通过对案例的整理分析可以看出，公共建筑及校内单体建筑由于其服务效用最高，政府为了使用效率最大化，其地理位置更加居于城市中部，相关资源获取更为便捷；此外，这类建筑大多由政府投资建设，这就使得其在建造过程中会获得更多支持，且常常为绿色建材、绿色建造技术的试点项目，因此碳排放较少。商业建筑一般目的是开发新地区，一方面地理位置可能会较远，另一方面相关建材需求更为苛刻，且形状或构造不同于普通楼房，所以建造难度较大，碳排放更高。

3.5.3　建筑运行阶段

表3-4列出了建筑运行阶段单体建筑碳排放现状。

建筑运行阶段单体建筑碳排放现状　　　　　　　表3-4

地址	方位	国家统计局划分方法	类型	案例来源	单位面积碳排放（kg/m²）
广州	南	东	校内建筑	—	1939.11
西安	北	西	住宅项目	—	2043.56
上海	中	东	大型公共建筑	上海建工集团股份有限公司	2090.33
重庆	中	西	设计院建研楼	重庆市设计院有限公司	2115.16
南京	中	东	商业、办公用房	东南大学建筑设计研究院有限公司	2310.65
山西	北	中	公共建筑	—	2515.31
厦门	南	东	写字楼	—	3718.74
辽宁	北	东	公共建筑	—	4036.85

对表3-4中的相关数据进行分析，可以得出：

1. 地理位置差异

建筑运行阶段的碳排放占据了建筑全生命周期的主要部分，而该阶段的碳排放来源则以用电为主，天然气和水的碳排放占比较低，同时就目前中国的能源结构与发电模式而言，火力发电依然是国内电力供应的主要方式。根据对各地区单体建筑碳排放案例的整理和分析，我们可以得出北方地区由于冬季气温较低，目前多以燃煤锅炉集中供暖，且北方的电力供应结构更偏向于化石能源发电，这就使得其在建筑运行阶段会产生较多的碳排放。中部地区常常由于冬季湿冷、夏季闷热使得建筑常年依靠暖通空调系统保持室内温度舒适，从而产生较多的碳排放。南部地区的建筑运行阶段碳排放特征不明显，这可能是由于相关案例的建筑类型差异较大。

就东西部差异来看，建筑运行阶段的排放差异则主要由气候不同和经济发展水平差异导致。东部沿海地区季节性气候变化虽然较西部及中部地区更小，然而由于海洋潮流的影响，其体感温度仍然难以满足居住者或使用者的现实需求，加之东部地区的经济发展水平普遍较高，对于建筑运行舒适度的要求更加严格，这就使得东部建筑往往会消耗更多的电力维持建筑高效运行，从而产生了更多的碳排放。

2. 建筑类型差异

校内建筑由于运行时间存在阶段性，寒暑假等假期阶段并未投入使用，每年运行时间短于其余类型建筑，碳排放较少。公共建筑、商业建筑及办公建筑相比其他类型建筑常年运行，且在内部环境营运中投入大于其他类型的建筑，例如亮度维持、温度保持等，从而产生较大的能源消耗，使得其碳排放量最大。

3.5.4 全生命周期分析

进一步地，综合全生命周期来看，各单体建筑的碳排放现状如表3-5所示。

建筑全生命周期单体建筑碳排放现状　　　　　　　　表3-5

地址	方位	国家统计局划分方法	类型	案例来源	单位面积碳排放（kg/m²）
南京	中	东	校内单体建筑	中铁二院工程集团	2295.72
西安	北	西	住宅项目	—	2435.3
上海	中	东	大型公共建筑	上海建工集团股份有限公司	3555.29
南京	中	东	商业、办公用房	东南大学建筑设计研究院有限公司	3827.97

续表

地址	方位	国家统计局划分方法	类型	案例来源	单位面积碳排放（kg/m²）
广州	南	东	校内单体建筑	—	3859.01
重庆	中	西	设计院建研楼	重庆市设计院有限公司	4977.36
辽宁	北	东	公共建筑	—	4998.51
厦门	南	东	写字楼	—	5283.28
山西	北	中	公共建筑	—	6224.47

从南北地区差异来看，中部地区的建筑碳排放较低，不论在建筑物化阶段还是在建筑运营阶段，中国中部地区的碳排放都更低于其他地区，其主要原因可能有以下几点：一是中部地区在建材选择方面会较南方地区选择更少的防水卷材等，也会较北方地区选择更少的保温建材等，从而实现了更低的碳排放量；二是在建筑室温和照明维持过程中，消耗能源量会较低于南北两部分。此外由于中部、南部地区经济状况发展优于北方大多城市，其在能源消耗及能源控制政策完善度等方面在北方之上，且北方建筑在冬季常常通过燃煤供暖维持温度，综合各种因素，导致中部、南部地区建筑的碳排放量整体上略低于北部地区建筑。

东西部地区的最大差异则在于经济发展状况的不同，且东部地区综合了气候适宜和政策支持的正向影响，因此较其他地区而言碳排放最低。同时，西部地区由于运行过程中碳排放低于中部地区，而建筑运行过程占据建筑全生命周期碳排放的大部分，使得西部地区建筑碳排放整体上略低于中部地区。

通过对不同地区不同类型的单体建筑碳排放案例进行整理和分析，首先可以得出目前建筑运行阶段的碳排放仍然在全生命周期中占据最大比重。与此同时，建材生产和建筑施工阶段也具有较大的减排潜力。单体建筑碳排放在地理位置上的差异主要源自于不同地区的气候条件及政策扶持力度差异，如中国东部、南部沿海地区，气候条件更为温和，经济发展水平较高，对于建筑绿色发展的支持政策更多，其单体建筑的碳排放则显著降低。而北方地区同时面临着冬季燃煤供暖的巨大碳排放压力，因此北方地区建筑的供暖热源结构转型将成为其减排的重要路径之一。不同类型的建筑碳排放则主要由于建筑设计、建筑运行时间和运行效率等产生差异，一方面公共建筑、校园建筑一般由政府主导投资建设，因此多成为绿色建筑试点项目，这就使得其设计环节、建材使用及建造方式都更为低碳化；另一方面如校园建筑由于使用时间具有阶段性，其碳排放量普遍更低，而商业建筑及公共建筑等往往运行时间长、运行能效高，从而产生更多的碳排放量，因此提升商业建筑及大型公共建筑的运行效率能够进一步促进其绿色化发展。

3.6 建筑领域碳达峰情景预测

3.6.1 建筑领域碳排放驱动因素

Kaya恒等式是碳排放驱动因素的主流分析方法之一，具有形式简洁、分解无残差、解释力强等优点。Kaya恒等式可表示为：

$$C = \frac{C}{E} \cdot \frac{E}{GDP} \cdot \frac{GDP}{P} \cdot P \qquad (3-2)$$

其中，C表示碳排放；$\frac{C}{E}$表示能耗的碳排放强度（c）；$\frac{E}{GDP}$表示能源强度（e）；$\frac{GDP}{P}$为人均GDP（g）；P表示人口数（p）。参照Kaya恒等式的思想，建筑领域碳排放可分解为：

$$C_{\text{Total}} = C_d + C_i = \frac{C_d}{E} \cdot \frac{E}{GDP} \cdot \frac{GDP}{P} \cdot P + \frac{C_i}{GDP_c} \cdot \frac{GDP_c}{P_c} \cdot P_c \qquad (3-3)$$

其中，C_d表示与一次、二次能源消耗相关的直接碳排放；C_i表示建材相关的间接碳排放，由于建材部分碳排放难以与实际能耗相对应，故暂不进行能源强度相关的分解；$\frac{C_d}{E}$为建筑领域的能源相关碳排放强度（Carbon Emissions Intensity, CI）；$\frac{E}{GDP}$为建筑领域的能源强度（Energy Intensity, EI）；$\frac{GDP}{P}$为人均GDP（Per capital GDP, PGDP）；P为人口总数（Population, P）；$\frac{C_i}{GDP_c}$表示以建筑业总产值衡量的建材碳排放强度（Carbon Emissions Intensity of Building Materials, MI）；$\frac{GDP_c}{P_c}$表示建筑业的劳动生产率（Labor Productivity, LP）；P_c表示建筑业的劳动力总数（Labor, L）。各影响因素的含义及数据来源如表3-6所示。

驱动因素含义及来源　　　　　　　　表3-6

符号	含义	计算方法	单位	来源
P	人口总数	—	亿人	《中国统计年鉴》
PGDP	人均GDP	GDP/人口数	万元/人	《中国统计年鉴》
EI	能源强度	能源消耗量（标准煤）/ GDP	g/元	《中国统计年鉴》
CI	能源碳排放强度	能源相关碳排放量/能源 消耗量（标准煤）	t/t	《中国能源统计年鉴》 《中国统计年鉴》
L	建筑业劳动力人数	—	亿人	《中国建筑业统计年鉴》
LP	建筑业劳动生产率	建筑业总产值/建筑业 劳动力人数	万元/人	《中国建筑业统计年鉴》
MI	建材碳排放强度	建材相关碳排放量/建筑业 总产值	g/元	《中国建筑业统计年鉴》

Kaya恒等式无法单独地分解各因素的具体影响，需要配合LMDI进行后续分解。在时间区间 $[0, t]$ 内，碳排放可分解为：

$$\Delta C = C_t - C_0 = \frac{C_t - C_0}{\ln C_t - \ln C_0} \times (\ln C_t - \ln C_0)$$

$$= \frac{C_t - C_0}{\ln(C_t / C_0)} \times (\ln \frac{c_t}{c_0} \cdot \frac{e_t}{e_0} \cdot \frac{g_t}{g_0} \cdot \frac{p_t}{p_0}) \qquad (3-4)$$

$$= \frac{C_t - C_0}{\ln(C_t / C_0)} \times (\ln \frac{c_t}{c_0} + \ln \frac{e_t}{e_0} + \ln \frac{g_t}{g_0} + \ln \frac{p_t}{p_0})$$

$$= \Delta c + \Delta e + \Delta g + \Delta p$$

根据LMDI分解式计算各驱动因素贡献值，结果如图3-11所示。

经济类驱动因素（PGDP和LP）对建筑领域碳排放的影响最大，加上建筑业

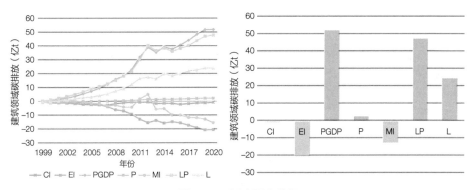

图3-11　驱动因素分解

劳动力数量等人口型因素对建筑领域碳排放有显著的拉动作用，而能源强度和建材碳排放强度等对建筑领域碳排放有抑制作用。经济的快速发展促使人们对生活质量和消费水平提出了更高的要求，从而扩大了人们日常生活和消费对能源产品的需求。同时，经济和生活水平的提高使得人们对建筑场所的要求也日益增高，推动了建筑业的迅猛发展，随着建筑业劳动力数量和劳动生产率的提高，建筑业产值得到快速提升，这个过程也伴随着大量的碳排放，从而对建筑领域碳排放产生了显著的正向促进作用。

能源强度和建材碳排放强度对建筑领域碳排放存在负向的贡献，说明随着绿色技术的不断创新，能源利用效率逐渐提高，由于中国的宏观调控和环境治理，能源消耗强度正逐步降低。中国正在从传统能源向清洁能源过渡，从而对碳排放产生抑制作用。建材碳排放强度则反映了建材消费结构，随着建筑业的环境规制越来越严格，越来越多的建筑在建造过程中选择了更为环保的建筑材料，使得建材消耗结构得到进一步优化，对建筑领域碳排放有着负向影响。

3.6.2 建筑领域碳达峰情景设置

为了探究建筑领域的碳达峰情景，需要利用情景分析法对其驱动因素的未来变化进行分析和预测。情景分析的实质不是可靠地模拟假设社会经济和技术水平之后的预期排放量，而是揭示碳排放如何在不同的策略上发展，然后确定未来的减排路径[37]。

将建筑领域碳排放的驱动因素分为四个系统：人口系统（P）、经济系统（PGDP）、能源系统（EI、CI）和建筑业及建材行业系统（L、LP、MI），以便考虑不同发展策略下的建筑领域碳排放情景。参考Zhang et al.（2023）的做法[38]，设定7种未来发展情景，如表3-7所示。

建筑领域碳排放相关发展情景设置　　　　　　　　表3-7

情景	人口 P	经济 PGDP	能源		建筑业及建材行业		
			EI	CI	L	LP	MI
1. 粗放发展	H	H	H	H	H	H	H
2. 基准情景	B	B	B	B	B	B	B
3. 能源部门优化-经济弱脱钩或耦合	B	L	B	L	B	B	L1
4. 能源部门优化-经济强脱钩	B	B	L	L	B	B	L1

续表

情景	人口 P	经济 PGDP	能源		建筑业及建材行业		
			EI	CI	L	LP	MI
5. 建筑业转型优化	B	B	L1	B	L	H	L1
6. 建筑领域协同优化	B	B	L	L	L	H	L
7. 全面低碳发展	L	L	L	L	L	L	L

注：H-高增速；B-基准增速；L-低增速或负增长；L1-因其他因素变动导致的较低增速或负增长。

　　粗放发展情景假定视经济发展为首要目标，追求产能扩张而减少环境规制，无新的低碳政策和技术出现，该情景下四个系统内的指标均呈现高增速（H）发展状态。基准情景是基于现有的经济和技术水平，按照历史发展规律和相关政策规划，在没有大型的技术突破和结构变革下，按照现有的惯性发展下去最可能达到的情形，此时所有指标以基准增速（B）发展。全面低碳发展情景假设政府加强对建筑领域绿色低碳转型的引领和支持，制定了更加严格的减碳标准，节能和清洁能源技术取得重大突破，采用了资源节约型社会发展模式，所有指标以低增速或负增长（L）形式发展。这是基准和极端情形的设定，接下来将设定不同系统的发展情形。

　　"能源部门优化—经济弱脱钩或耦合"情景和"能源部门优化—经济强脱钩"情景主要考虑能源部门的结构优化或技术突破情形，假设出现针对能源使用的更严格的规制或在清洁能源技术上取得重大突破，使得建筑领域相关能源碳排放强度下降，呈现低增速或负增速（L）增长。但能源碳排放变化通常与经济发展相关联，从而衍生出经济脱钩问题，Minda et al.（2019）和Sun et al.（2022）等人在研究商业建筑/第三产业碳排放的经济脱钩问题时，都发现了从扩张性耦合到弱脱钩的转变，但整体尚未进入理想中的强脱钩状态[39, 40]。为此，考虑了两种能源部门减碳的情景，当能源相关碳排放与经济发展处于弱脱钩或耦合阶段时，能源碳排放强度下降（L）的同时，经济增长也保持相应的低增速（L），这与现状较为一致，故能源强度按照基准增速发展（B）。而当能源相关碳排放与经济发展达到理想中的强脱钩时，能源碳排放强度下降（L）不会影响经济的正常发展，经济发展依然保持基准增速（B），能源强度也相对下降（L）。而能源部门减碳在一定程度上会影响到建材制备过程的能源使用，使得建材碳排放强度会有所下降（L1）。

　　建筑业转型优化情景是仅考虑建筑行业的优化发展，根据建筑业的相关发展规划，未来建筑业将向着更加智能化数字化方向发展，将有更多的智能化设备替代人工工作，此时建筑业的劳动力增速将放缓或呈现负增长（L），劳动生产率将有所增长（H），同时建筑业的绿色转型会降低建造过程的能源强度（L1），同时也会使得建材结构得到优化，建材碳排放强度有一定下降（L1），其他指标保持基准增速。而建筑领域协同优化情景则是考虑与上下游行业协同减碳，通过低碳建材制备技术优化、低碳建筑设计、可再生能源技术突破等方式，实现建筑领域协同低碳发展，此时建材碳排放强度将下降（L），能源相关指标也会有所下降（L），考虑理想的经济脱钩情形，其他指标发展与"建筑行业技术优化"情景一致，这是较为理想的发展情景。

接下来需要设定驱动因素的变化速率。通过对国内外相关政策规划、报告以及文献的研究，基于过去各因素的变化情况，参考国外发达国家发展水平，对上文分解出的7个驱动因素进行低（L）、中（B）、高（H）增速情景的设定，具体的分析和假设如下：

1. 人口（P）

《世界人口展望2022》是由联合国秘书处经济和社会事务部人口司编写的第27版联合国官方人口估计和预测。它以历史人口趋势分析为基础，提出了237个国家或地区从1950年到现在的人口估计数。这一最新评估考虑了1950—2022年期间进行的1758次国家人口普查的结果，以及来自生命登记系统和2890次国家代表性抽样调查的信息，并基于对历史人口变化的分析提出了到2100年的人口预测，反映了全球、区域和国家层面的一系列合理结果。

《世界人口展望2022》中预测了中国2022—2100年在不同出生率、死亡率和国际迁徙设想情景下的人口数量，其中中等情景预测是基于国家过去的人口变化表现，利用随时间变化的概率模型得出每个人口组成部分的数千个不同轨迹的中位数，从而反映中等情况下未来人口变化的轨迹分布。高情景和低情景则是在中等情景的生育率基础上上下浮动0.5个生育率得到的预测结果。鉴于联合国官方的人口预测具有较大的参考价值，本书采用《世界人口展望2022》中的低、中、高情景中国人口预测数据作为研究中的人口变量在低增速、基准和高增速情形下的设定。

2. 人均GDP（PGDP）

党的十九届五中全会通过的《中共中央关于制定国民经济和社会发展第十四个五年规划和二〇三五年远景目标的建议》中指出"展望二〇三五年，中国经济实力、科技实力、综合国力将大幅跃升，经济总量和城乡居民人均收入将再迈上新的大台阶，……人均国内生产总值达到中等发达国家水平"。同时"从经济发展能力和条件看，中国……，到2035年实现经济总量或人均收入翻一番，是完全有可能的。"根据刘生龙等（2023）[41]的研究，在高、中、低经济增长潜力下，为实现该远景目标，中国人均GDP的年均增长率应分别为5.2%、4.9%、4.6%。故将2021—2035年的三种情形下的人均GDP增速设定为上述数值。考虑到经济增长难以长期维持该增速，在保证经济水平到2050年底较2035年翻一番的基础上，假设2035年之后的人均GDP增速每五年下降0.5个百分点，最后维持在2%左右。

3. 能源强度（EI）

国务院发布的《2030年前碳达峰行动方案》中提到"十四五"期间的目标是"到2025年，非化石能源消费比例达到20%，单位国内生产总值能源消耗比2020年下降13.5%"，根据该要求，能源强度的年均增长率应达到-2.8%，过去20年的全国能源强度平均增长率为-2.6%左右，整体下降速度将增加0.2个百分点。而建筑领域能源消耗主要集中在居民居住用能和第三产业用能方面，城市化扩张和第三产业增长使得建筑领域能源强度的下降速度较为缓慢，在过去20年中建筑领域能源强度平均增速为-1.0%，"十三五"期间的平均增速为-0.9%，基本保持稳定。参考《2030年前碳达峰行动方案》中的能源强度变化要求，设定基准情景下能源强度的变化速度为-1.2%，高、低增速情形则在基准情形的基础上浮动0.5个百分点。建筑行业优化主要影响建筑建造和拆除阶段的能源消耗，建筑建造和拆除阶段占能源相关排放的6%左右，除此之外建造阶段的设计优化也会在一定程度上减少运行阶段碳排放，故将L1情景下能源强度增速设定为-1.5%。

4. 能源碳排放强度（CI）

在能源相关碳排放的计算过程中，由于区域电网碳排放因子只更新到2012年的版本，缺少电力碳排放因子的动态调整，使得能源碳排放强度没有明显的变化趋势。《2060年世界与中国能源展望》在可持续转型情景中认为建筑用能电气化率到2060年将达到72%，非化石发电占比的提升以及化石燃料发电加装CCUS等零碳技术的大规模推广，使得电力碳排放因子逐步降低，并有望于2055年达到零碳排放。由于可持续转型情景是立足于实现"双碳"目标的发展设定，与当前政策趋势一致，故将该情形下的能源碳排放强度变化速率设置为基准情景的变化速率。除此之外，住房和城乡建设部、国家发展改革委联合印发的《城乡建设领域碳达峰实施方案》中提出"到2030年建筑用电占建筑能耗比例超过65%"。综合考虑上述规划和展望，假设电力占比在2030年达到65%，2060年达到72%，电力碳排放因子在2055年降为0，而2020年建筑领域的电力消耗在终端能源消耗中的占比为35.5%，电力相关碳排放占比为23.78%，经计算，能源碳排放强度2020—2030年增速应为–3.2%，2025—2060年的年均增速为–2.6%。假设能源部门实现技术突破，电力碳排放因子提前十年即于2045年降至0，此时2020—2030年的能源碳排放强度年均增速为–3.7%，2030—2060年的年均增速为–3.15%，相应地，能源碳排放强度的高增速情景则设定为–2.7%和–2.15%。

5. 建筑业劳动力数量（L）

传统建筑业准入门槛低，用人需求大，吸引了大量的农村劳动力。但随着经济、社会的发展，中国老龄化程度不断加深，新生代青年群体倾向于追求更为体面的工作环境，建筑业的吸引力较低，且目前建筑行业的机械化程度不高，存在着人口红利逐渐丧失，基层工人老龄化程度较高等"用工难"的问题。为解决这些问题，建筑业正向着工业化、数字化、智能化的方向发展。《"十四五"建筑业发展规划》中指出要"大力发展装配式建筑""重点推进与装配式建筑相配套的建筑机器人应用，辅助和替代'危、繁、脏、重'施工作业。推广智能塔吊、智能混凝土泵送设备等智能化工程设备"等，可以预见在未来发展中建筑业的劳动力数量将有所下降。

建筑业劳动力数量经历了快速扩张阶段，"十五"期间和"十一五"期间的平均增速为7.0%和9.8%，而后扩张速度明显减缓，在"十二五"期间回落至3.7%，"十三五"期间增速放缓为2.8%，过去20年的平均增速为5.5%。随着智能化的发展，未来的建筑劳动力增速将持续放缓，甚至出现负增长情形。为此将基准情景设定为在2.8%的基础上每五年增速减少一个百分点，达到峰值之后随人口变化速度逐渐下降。高增速和低增速情景则在基准情景的基础上上下浮动0.5个百分点。

6. 建筑业劳动生产率（LP）

与建筑业的劳动力数量相对应，由于建筑业智能化的发展，建筑业劳动生产率增速将有所提升。"十三五"之前建筑业劳动生产率保持着较快增速，"十三五"期间下降至2.0%，随着未来智能化技术的推进，将会有部分机器生产替代劳动力，使得建筑业劳动生产率有所提高，故假设基准情景下的建筑劳动力生产率年均增速为2.5%，高增速和低增速情景则在基准情景的基础上上下浮动0.5个百分点。同时，考虑到人口与经济增速放缓后，建筑业总产值的增速也会下降，建筑业劳动生产率的增速会放缓，故在2035年后建筑业劳动生产率增速每五年下降0.5个百分点。

7. 建材碳排放强度（MI）

2022年，工业和信息化部、国家发展改革委等四部门联合印发了《建材行业碳达峰实施方案》，提出"十四五"期间，水泥、玻璃、陶瓷等重点产品单位能耗、碳排放强度不断下降，水泥熟料单位产品综合能耗降低3%以上。"十五五"期间，建材行业绿色低碳关键技术产业化实现重大突破，原燃料替代水平大幅提高，基本建立绿色低碳循环发展的产业体系。

由于选择了固定的建材碳排放因子进行计算，过去20年建材碳排放强度并不存在明显的上升或下降趋势。根据《建材行业碳达峰实施方案》的相关规划，未来建材碳排放强度将不断下降，使得建材碳排放强度也有所下降。水泥在建材消耗中的占比最高，且具有不可回收的特性，是需要重点关注的对象。过去20年水泥占比的年均增速为–1.0%，基准情景下维持该下降速度，并假设每五年水泥碳排放强度降低3%，其他建材参照Zhang et al. (2022)[106]的做法，假设到2060年各建材碳排放强度达到目前国际先进水平，钢材和铝材的回收率上升至70%和100%，建材结构变动中水泥减少的占比由钢材和木材分摊，从而得出基准情形下建材碳排放强度年均增速为–0.9%。考虑技术优化使得2060年钢材的回收率上升至80%，则建材碳排放强度年均增速为–1.5%，作为低增速（L）情景下的变化速度，高增速情景的增速则设定为–0.3%。假设能源部门或建筑行业的优化使得建材制备过程的能源碳排放强度下降10%，则对应的建材碳排放强度年均增速为–1.1%，作为L1情景下的变化速度。

各驱动因素的变化速率设定如表3–8所示。

3.6.3　建筑领域碳达峰情景预测

根据上述情景设定得到的2020—2060年建筑领域碳排放情景模拟如图3–12所示。

在粗放发展情形下（情景1），对经济发展的片面追求和环境规制的放松，使得经济发展和能源消费需求增长迅猛，建筑领域碳排放总量远高于其他情景，且达峰时间较晚，将于2055年达峰，属于较为极端的情形，该情景下建筑部门难以完成"3060双碳目标"任务。基准情景下（情景2），即根据现有的政策规划，建筑领域碳排放将于2040年达到峰值，峰值在66.0亿t左右，保持一段时间平台

驱动因素变化速率设定

表3-8

情景	P	PGDP		EI	CI		L	LP		MI
	2021—2060年	2021—2035年	2036—2060年	2021—2060年	2020—2025年	2026—2060年	2021—2060年	2021—2035年	2036—2060年	2021—2060年
H	根据《人口展望2022》估计	5.2%	每五年下降1个百分点	-0.7%	-2.7%	-2.15%	每五年下降1个百分点	3.0%	每五年下降0.5个百分点	-0.3%
B		4.9%		-1.2%	-3.2%	-2.65%		2.5%		-0.9%
L		4.6%		-1.7%	-3.7%	-3.15%		2.0%		-1.5%
L1	—	—	—	-1.5%	—	—	—	—	—	-1.1%

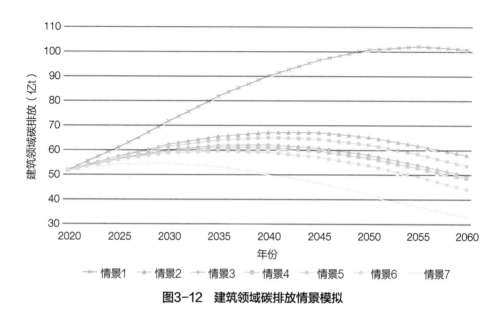

图3-12　建筑领域碳排放情景模拟

期后，于2045年开始下降。而仅考虑建筑业转型优化情形（情景5）与基准情景相似，碳排放于2040年达峰，峰值略低于基准情景，为63.9亿t。由于建筑建造过程的碳排放在建筑全生命周期碳排放中占比较低，故仅建筑业进行转型优化对建筑领域碳排放的抑制作用并不明显。而仅考虑能源部门减碳情形，无论与经济是否脱钩（情景3、情景4）也都没有使得达峰时间提前，但达峰时的碳排放总量有所下降。当建筑领域能源消耗与经济强脱钩时（情景4），可以达到在保持稳定经济增速的同时，碳排放总量下降的目标，是比较理想的能源部门减碳情景。建筑领域上中下游协同优化情形（情景6）则是假设在不影响经济发展的情况下，建材行业、建筑行业、能源部门共同努力，大力发展绿色建材、绿色建筑，能源供给侧和使用端协同降碳，此时碳达峰时间将提前至2035年，达峰总量降至59.1亿t。而在更严格的减碳策略，资源节约型的全面低碳发展情形下（情景7），建筑领域碳排放将于2030年达峰，达峰总量最低，为53.9亿t。

　　单一部门的减碳行为难以推动整个建筑领域碳排放早日达峰，唯有建筑全生命周期各部门协同参与，共同助力建筑领域减碳发展，才能在降低碳排放总量的同时提前实现碳达峰。在现有政策背景下，建筑领域碳排放将于2040年达峰，在保持经济增速的同时各部门协同优化可以使达峰时间提前5年，但与2030年的达峰目标还存在一定差距，达峰过程还面临较大挑战。因此，设置更为严格的环境规制目标，加大绿色技术研发投入，协调各相关责任主体，推动相关行业低碳转型发展体系构建迫在眉睫。

第 4 章

建筑领域政策及标准体系
优化路径

4.1 欧盟政策体系梳理

欧盟是应对全球气候变化，促进碳减排的积极推动者。欧盟27国作为整体在1979年已经实现碳达峰。在欧共体期间相关碳减排政策如图4-1所示。

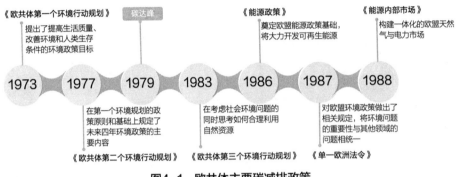

《欧共体第一个环境行动规划》
提出了提高生活质量、改善环境和人类生存条件的环境政策目标

碳达峰

《能源政策》
奠定欧盟能源政策基础，将大力开发可再生能源

《能源内部市场》
构建一体化的欧盟天然气与电力市场

1973　1977　1979　1983　1986　1987　1988

在第一个环境规划的政策原则和基础上规定了未来四年环境政策的主要内容

在考虑社会环境问题的同时思考如何合理利用自然资源

对欧盟环境政策做出了相关规定，将环境问题的重要性与其他领域的问题相统一

《欧共体第二个环境行动规划》　《欧共体第三个环境行动规划》　《单一欧洲法令》

图4-1　欧共体主要碳减排政策

欧共体期间碳减排政策主要集中在以下两个方面：

1. 环境污染防治

在环境的污染防治上，从《欧共体第一个环境行动规划》开始，欧盟提出了"污染者付费"原则，即法律规定的自然人或法人，如果对环境污染负有责任，必须采取相应的措施或者支付相关费用来减少造成的污染。并在之后通过了第二个以及第三个环境行动规划，有效地防治了环境污染，减少了碳排放。

2. 能源结构调整

受到化石能源带来的碳排放问题影响，欧共体逐渐重视可再生能源的发展，改变能源结构。1986年通过的《能源政策》提出将能源发展的重心从核能转移到可再生能源，大力发展可再生能源。并在1988年发表的《能源内部市场》报告中提出构建一体化的欧盟天然气与电力市场，提高能源利用效率，促进整体能源产业转型，维护能源安全，减少碳排放等。

欧盟成立以后，相关碳减排政策如图4-2所示，欧盟的碳减排政策主要集中在以下三个方面：

图4-2　欧盟主要碳减排政策

1. 碳排放交易体系

在欧盟应对气候变化的一揽子政策措施中，基于市场的欧盟碳交易体系是其实现气候目标的核心手段之一。欧盟碳排放交易体系起始自2005年，经过十几年的发展，目前是全球最大的碳排放交易体系，也是迄今为止最成功的碳排放体系。覆盖行业由最初的电力与能源密集型工业逐渐拓展至航空业，并且逐年减少碳配额来促使企业采取碳减排措施，帮助欧盟减少碳排放。

2. 财政激励

欧盟通过财政补贴手段促进减碳项目的开发与应用，如对绿色能源开发与利用补贴、拨款支持碳捕集技术类项目开发、成立气候基金以投资绿色产业，进而调动企业积极性，使其自愿投入低碳减排行动中，形成低碳发展模式。此外，通过能源税和税收优惠等政策还可以有效降低碳排放，如对煤炭和石油等化石能源征收碳税，可以促进汽车厂商开发新能源技术、促使消费者更愿意选择购买新能源汽车等。

3. 发展清洁能源

欧盟十分重视可再生能源的发展。2011年，欧盟发布了《2050年能源路线图》，提出到2050年实现欧盟经济去碳化达到1990年的80%～95%，提高能源效率、新建能源基础设施、发展可再生能源、增加储能容量以及促进科研技术创新。2014年，欧盟制定了《2030年气候与能源政策框架》，要求到2030年实现可再生能源占比达到27%，能源效率提高27%，温室气体排放降低到1990年排放水平的40%，欧盟内部电力市场互联比例达到15%。在2020年，欧盟发布《欧盟氢能战略》，增加投资预算，扩大氢能生产来支持氢能源的发展。可清洁能源的发展，可以大大降低化石能源使用所带来的大量CO_2排放，构建一个更加节能高效的能源体系。

4.2 美国政策体系梳理

美国在2007年实现碳达峰，相关碳减排政策如图4-3所示。在美国计划退出《京都议定书》和《巴黎协定》期间，《2005年能源政策法案》、《低碳经济法案》、《清洁能源与安全法案》、"电力计划"和《总统气候行动计划》陆续出台，法律规定了一系列有关低碳经济发展的法律与激励措施，对提高能源效率进行规划并明确了具体方案。拜登政府上台后，提出《清洁能源革命和环境正义计划》《关于应对国内外气候危机的行政命令》和《迈向2050年净零排放的长期战略》，在经济上新政府计划投入两万亿美元在交通、建筑和清洁能源等领域，加大了投

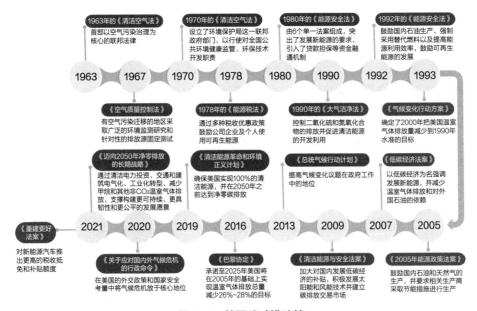

图4-3 美国碳减排政策

入力度，在政治上把气候变化纳入美国外交政策和国家安全战略并加强国际合作，在技术上加速清洁能源技术创新，继续推动美国"3550"碳中和进程。具体来看，美国碳减排政策主要集中于两个方面：

1. 绿色金融发展

美国是联邦制国家，州政府在金融支持碳减排方面发挥了重要作用。在碳金融市场上，美国在州政府层面形成了多个交易市场。2003年，康涅狄格州、特拉华州、缅因州等10个州成立了区域碳污染减排计划RGGI，于2009年启动，这是美国第一个基于市场手段的强制性减少温室气体排放的区域性行动。成立目的是限制、减少电力部门的CO_2排放，因此仅覆盖火电行业，积极采取拍卖发放的配额调节机制。2017年，RGGI参与州计划在2020—2030年间将电力部门CO_2排放量缩减30%。2007年，加州政府和亚利桑那、华盛顿等州联合加拿大的几个州发起美国西部气候倡议（Western Climate Initiative，WCI），其成员各自执行独立的总量管控和排放交易计划，包括制定逐年减少的温室气体排放上限，定期进行配额拍卖、储备和交易，以及排放抵消机制，目标是到2020年本地区的温室气体水平比2005年降低15%。在财政支持方面，美国政府通过财政补贴、财政贴息等形式引导金融机构加大对碳减排相关领域的支持。在2001—2011年间，宾夕法尼亚州政府以财政贴息等方式为41个清洁能源项目提供了近1500万美元的资金支持，并撬动了近2亿美元的银行贷款和民间投资支持宾州清洁能源产业的发展。

2. 能源结构转型

美国能源结构不断优化。20世纪70年代石油危机严重冲击了美国，时任美国总统尼克松提出能源独立计划，此后历届美国总统将实现能源独立安全作为能源政策的核心内容。在能源独立和市场自由化、鼓励创新等政策的激励下，美国页岩气得到了快速发展，在实现能源独立安全的同时，可以持续调整并优化能源消费结构。与此同时，联邦和地方政策的强制要求、优惠和刺激政策，使得新能源、可再生能源得以大规模使用。2021年11月美国政府发布的《迈向2050年净零排放的长期战略》中明确提出电力系统加速向清洁电力转型，终端用能电气化，推动航空、海运和工业过程等清洁燃料替代。能源系统转型（包括清洁电力、电气化、节能等）总共可贡献大约45亿t减排量，约占总排放的70%。

4.3 中国"双碳""1+N"政策体系梳理

中国是制造业大国，碳排放强度高于欧美国家，碳减排的过程将十分具有挑战性。为了顺利实现"3060目标"，国务院出台了总体布局政策和纲要，如图4-4所示。

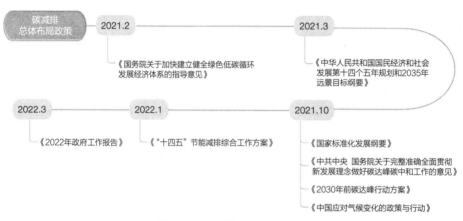

图4-4 碳减排总体布局政策

2021年10月24日，出台了《中共中央 国务院关于完整准确全面贯彻新发展理念做好碳达峰碳中和工作的意见》（以下简称《意见》），国务院印发的《意见》，作为"1"，属于"路线图"性质政策的方案，是管总管长远的，在碳达峰碳中和"1+N"政策体系中发挥统领作用。10月26日，国务院出台了《2030年前碳达峰行动方案》（以下简称《方案》），《方案》是"N"中为首的政策文件，是碳达峰阶段的总体部署，在目标、原则、方向等方面与《意见》保持有机衔接的同时，聚焦2030年前碳达峰目标[42]。

2022年1月24日，国务院颁发了《"十四五"节能减排综合工作方案》，为中国在"十四五"期间节能减排工作做出了总体规划，提出了到2025年全国单位国内生产总值能源消耗相比2020年下降13.5%，能源效率和主要污染物排放控制水平基本达到国际先进水平的期望。同年3月，《2022年政府工作报告》中也指出，未来要持续改善生态环境，推进绿色低碳发展，有序推进碳达峰碳中和工作。

国家各部委根据《方案》制定了各行业碳达峰的具体方案，如图4-5所示，相关目标和任务更加细化和具体化。

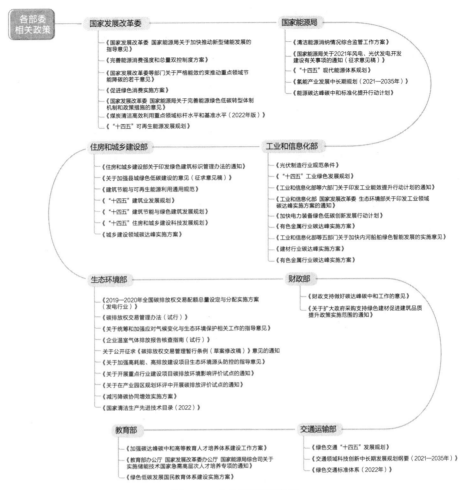

图4-5　各部委相关政策

　　在节能减排方面，根据《"十四五"节能减排综合工作方案》的安排，生态环境部、国家发展改革委等七部门印发了《减污降碳协同增效实施方案》，聚焦于源头防控、重点领域、环境治理、模式创新、强化支撑保障、加强组织实施六方面，提出了到2030年减污降碳协同能力显著提升的目标；对于高耗能行业，国家发展改革委等四部门发布了《高耗能行业重点领域节能降碳改造升级实施指南（2022年版）》，积极引导高耗能行业进行升级改造，对于落后产能要勇于淘汰，实现产业的高效发展、绿色发展。

　　能源是实现"双碳"目标的关键，对于能源绿色转型，国家发展改革委等部门先后发布了《国家发展改革委 国家能源局关于完善能源绿色低碳转型体制机制和政策的实施意见》《"十四五"现代能源体系规划》《氢能产业发展中长期规划（2021—2035年）》《煤炭清洁高效利用重点领域标杆水平和基准水平（2022

年版)》《"十四五"可再生能源发展规划》,政策关注点主要聚焦于以"煤炭"为主的能源体系提升能源利用效率,推动能源体系进行转型升级,大力发展清洁能源,提升清洁能源在中国能源体系中的比重。

各省市根据《方案》制定了本地区碳达峰行动方案,如图4-6所示,在2021年和2022年陆续出台了行动方案作为本地区"双碳"行动的指导。

各省市及自治区在碳达峰实施方案中分别明确了"十四五"和"十五五"目标,部分省市及自治区碳达峰实施方案目标如表4-1所示,各地的"十四五"目标和"十五五"目标在完成国家下达的单位地区生产总值能耗和CO_2排放目标的基础上,根据本地区的经济发展、产业结构、能源消费的情况,在能耗、能源消费、单位国内生产总值CO_2、森林覆盖率等方面提出了本地区的目标。

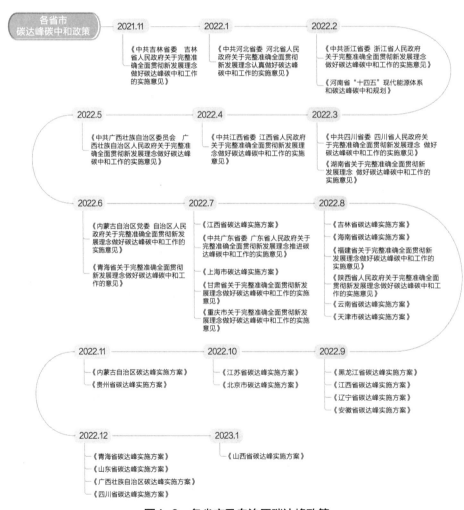

图4-6 各省市及自治区碳达峰政策

部分省市及自治区碳达峰实施方案目标　　　　表4-1

地区	"十四五"目标	"十五五"目标
北京	可再生能源消费比例达到14.4%以上，单位地区生产总值能耗比2020年下降14%	可再生能源消费比例达到25%左右
上海	到2025年，单位生产总值能源消耗比2020年下降14%，非化石能源占能源消费总量比例力争达到20%	非化石能源占能源消费总量比例力争达到25%，单位生产总值CO_2排放比2005年下降70%
广东	非化石能源装机比重达到48%左右，森林覆盖率达到58.9%，森林蓄积量达到6.2亿m^3	非化石能源消费比例达到35%左右，非化石能源装机比重达到54%左右；森林覆盖率达到59%左右，森林蓄积量达到6.6亿m^3
浙江	非化石能源消费比重达到24%左右；森林覆盖率达到61.5%，森林蓄积量达到4.45亿m^3	单位国内生产总值CO_2排放比2005年下降65%以上；非化石能源消费比例达到30%左右，风电、太阳能发电总装机容量达到5400万kW以上；森林覆盖率稳定在61.5%左右，森林蓄积量达到5.15亿m^3左右
江苏	单位地区生产总值能耗比2020年下降14%，非化石能源消费比例达到18%，林木覆盖率达到24.1%	单位地区生产总值CO_2排放比2005年下降65%以上，风电、太阳能等可再生能源发电总装机容量达到9000万kW以上，非化石能源消费比重、林木覆盖率持续提升
陕西	非化石能源消费比例提升至16%左右；森林覆盖率达到46.5%，森林蓄积量达到6.2亿m^3	非化石能源消费比例达到20%左右，风电、太阳能发电总装机容量达到8000万kW以上；森林覆盖率达到46.8%左右，森林蓄积量达到6.5亿m^3

4.4　建筑领域"双碳"政策、标准体系和企业低碳政策梳理

4.4.1　欧美建筑领域"双碳"政策

欧美国家的建筑领域节能减排政策主要为建筑节能规范，建筑能耗对标、监测和数据公示，建筑电气化，建筑节能改造，净零碳建筑和财政激励六部分，如图4-7所示。在实践中，不同类型的政策通常是相辅相成的，建筑能耗对标和财政激励措施经常配合采用，为高成本的建筑改造项目提供信息和资金支持。同时，一项政策可以涵盖上述几个类别。例如，一些建筑节能标准要求辖区内的所有新建建筑均达到净零碳标准。

- 财政激励政策更多的针对既有建筑节能改造，而非新建建筑
- 利用未来节省的能源开支来支付节能改造的前期费用
- 通过公共资金投资，吸引私有资金投入建筑减排
- 设计有针对性的财政激励和绿色金融政策来解决建筑减排过程中的障碍

- 将节能改造激励政策与能耗对标、监测和数据公示政策相结合
- 利用未来节省的能源开支来支付节能改造的前期费用
- 通过全面的节能改造实现建筑净零碳排放和电气化
- 从激励性节能改造向强制性节能改造转变

- 推行净零碳标准，由个体建筑净零碳转变为建筑群或区域净零碳
- 发展净零碳所需的市场能力，并最终将净零碳纳入强制性建筑节能标准
- 在新建建筑和既有建筑中同时推行净零碳标准，公共建筑中率先推行
- 将隐含碳排放纳入净零碳的定义范畴

- 更多地采用性能导向的建筑节能标准达标途径，同时新增基于以实际运行能耗为导向的建筑节能标准达标途径
- 在基本建筑节能标准的基础上，制定更严格的"引领性建筑节能标准"，为省市采纳节能标准提供选择
- 在公共建筑中率先推行强制性高能效标准
- 制定面对所有新建建筑的净零碳标准和规范
- 制定建筑节能标准路线图，提前（数年）公布待实施的建筑标准和规范更新，推动市场转型

- 公示建筑能源绩效数据，并扩大该政策的覆盖范围，将大部分建筑纳入其中
- 利用公开数据引导未来政策设计
- 在强制性建筑能耗公示政策的基础上，推进更严格的建筑政策
- 由能源绩效监测报告转向碳排放报告

- 减少来自建筑供能的碳排放
- 鼓励当前化石能源供能的建筑向全面电气化转型
- 在可行的前提下，从鼓励电气化向强制推行建筑电气化转变

图4-7 欧美建筑领域政策趋势

1. 建筑节能规范

在美国，目前没有强制的全国性建筑节能标准。各州和地方政府一般采用由民间机构、行业协会制定和更新的建筑节能标准，相关联邦机构如美国能源局也会参与其中。美国供热、制冷和空调工程师协会创建了美国商业建筑标准，美国居住建筑标准则是由国际规范委员会指定的。与此同时，联邦政府还大力推广自愿性的建筑节能认证和评价。美国环境保护署提出的能源之星就是针对居住、商业建筑和工业设施的认证，对于满足能效要求的电子产品和建筑产品可以贴上"能源之星"的标签。

2002年，欧盟颁布的《建筑能源绩效指令》明确要求各成员国针对新建建筑设定最低能源绩效标准。并在2010年对该法令进行了修改，要求各成员国制定相关政策以在2021年之前实现所有新建建筑的"净零能耗"的目标。随后，欧盟又颁布了2018/844号法令对《建筑能源绩效指令》和2012年颁布的《能源效率指令》进行了补充修订。这两项标准是欧盟范围内与建筑节能规范相关的最重要的政策。

2. 建筑能耗对标、监测和数据公示

在美国，设有商业建筑能耗对标政策的城市会要求业主每年对建筑能耗进行分析，并将数据公布。例如波士顿的《建筑能耗报告和公示条例》要求商业建筑在达到一定的能源绩效标准之前，必须每五年进行一次节能行动（如：翻新）或完成一次全面的能源审计；波士顿目前正在制定基于碳排放的建筑能耗标准，新政策将要求建筑符合碳排放标准，并随着时间的推移成为"零碳建筑"。

在欧盟，根据《建筑能源绩效指令》要求，只有出示能源绩效认证，住宅和商业建筑才被允许建造、销售或出租；在人流密集的公共场所，所有建筑必须展示能源绩效认证。尽管能源绩效认证格式不同，各成员国的能源绩效认证都包含建筑能耗信息以及提高建筑能源效率等内容。所有欧盟成员国都在2013年前执行了《建筑能源绩效指令》的基准化要求，并将建筑物根据能耗水平按A到G进行评级。

3. 建筑电气化

随着清洁能源成本的降低和需求的不断增长，美国许多州以立法的形式要求电力公司在发电的过程中使用一定比例的清洁能源，目标在2050年之前实现100%的清洁能源供电。在建筑电气化的过程中，美国州政府的自愿性措施包括以财政激励等形式来鼓励建筑物供暖和热水系统的电气化，马萨诸塞州的大型节能计划对建筑物的热泵安装和更换技术提供了多样的激励措施，若客户选择安装相对低碳的熔炉就可以获得更高的激励奖励。也有部分州采取强制性措施推行建筑电气化，例如伯克利州，政府要求在新建建筑中禁止安装天然气锅炉以达到建筑电气化。

欧盟的《可再生能源指令》要求欧盟最晚在2030年实现32%的可再生能源供能。欧盟各成员国制定相关政策来实现这一目标，如丹麦哥本哈根制定了2025年实现100%电力和区域供暖碳中和的目标，德国海德堡在2050年之前通过分布式太阳能和可再生能源区域供暖系统在建筑物内提高系统能效减少碳排放量。

4. 净零碳建筑

在美国，国家层面没有在建筑部门设置具体的净零碳目标，地方政府在州层面设置了不同的净零碳目标。加州政府提出了"净零碳行动计划"，在2020年实现所有新建住宅净零能耗标准，到2025年至少50%的建筑运行实现净零能耗。除此之外，华盛顿哥伦比亚特区、波士顿、纽约、西雅图、洛杉矶、波特兰、旧金山、圣莫尼卡、圣何塞和纽伯里波特签署了由世界绿色建筑委员会发起的"净零碳建筑承诺"，目标在2030年所有新建建筑实现100%净零碳标准、2050年所有建筑实现净零碳标准。

欧盟的《建筑能源绩效指令》要求2050年欧盟所有建筑实现零碳排放，并要求各成员国制定政策来实现这一长期目标。欧盟的几个重要城市哥本哈根、海德堡、赫尔辛基、伦敦、奥斯陆、巴黎、斯德哥尔摩和巴利亚多利德也签署了《净零碳建筑承诺》，承诺在2030年所有新建建筑实现100%净零碳标准、2050年所有建筑实现净零碳标准。

5. 建筑节能改造

美国设置了不同的联邦计划来进行建筑节能改造。针对住宅节能改造，美国能源部发起了能源之星住宅计划，通过赞助单位招募承包商对住宅建筑进行全面的能效评估，并为业主提供降低能耗的改造建议。针对商业建筑，美国能源部通过了"能源之星建筑能源绩效计划"，通过对建筑进行能源绩效评级，提供建筑节能改造建议并对采纳建议的建筑所有人提供税收抵免服务。

欧盟的《能源效率指令》要求所有欧盟成员国每年至少对3%的市政建筑进行节能改造以满足基本能源绩效要求，同时还要求各成员国制定长期战略来吸引建筑节能改造投资。欧洲各国在《能源效率指令》的基础上，采取相关措施来促进节能改造，如英国通过能源公司义务计划来鼓励住宅建筑的节能改造，法国要求所有能源绩效水平低E级的建筑在销售前必须进行节能改造来提高能源绩效。

6. 财政激励

美国政府通过财政激励措施来鼓励建筑节能项目的发展，大部分方式是通过税收抵免的方式，如新建节能住宅的开发商可以获得2000美元的税收抵免，若业主安装可再生能源发电系统则可以获得最高达安装成本26%的税收抵免。同样，美国联邦政府还设有房屋保温节能辅助计划、房利美绿色倡议计划、联邦住房管理局节能抵押贷款计划等为建筑节能解决资金压力。

欧盟的财政激励多来源于金融机构，如欧洲结构与投资基金和欧洲战略投资基金等，为能源效率的提高和清洁能源项目提供融资渠道。此外，欧盟委员会提出了智能建筑智能金融倡议，为节能减排项目的节能价值进行担保，通过分担项目风险，吸引私有投资进入节能减排项目。

4.4.2 中国建筑领域"双碳"政策

建筑领域的能源消耗及其碳排放是社会碳排放的重要构成部分，推进建筑领域的碳减排工作意义重大，国家及部委制定了相关政策来推进碳减排工作。建筑领域主要政策如图4-8所示，主要集中在建筑节能、绿色建筑等方面。

建筑领域政策主要是针对建筑节能和绿色建筑的总体发展而言，从相关的技术标准到评价标准和未来新建建筑中相关建筑类型的总体规划，具体来说，相关政策如下：

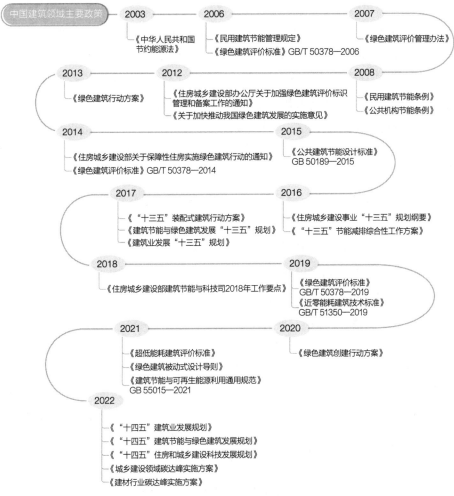

图4-8 中国建筑领域相关政策

1. 建筑节能

中国对于建筑节能从1986年开始的理论探索到现在已经建立了完整的政策体系，1986年颁布的《民用建筑节能设计》也是中国第一部建筑节能标准；2006年《民用建筑节能管理规定》明确指出新建民用建筑应当严格执行建筑节能标准要求，民用建筑工程扩建和改建时，应当对原建筑进行节能改造；2015年《公共建筑节能设计标准》GB 50189—2015对于公共建筑的新建、改建、扩建节能设计做出强制性规定，从法规上强制公共建筑逐渐迈向节能建筑；2016年，国务院发布《"十三五"节能减排综合性工作方案》提出要强化建筑节能，实施建筑节能先进标准领跑行动，开展超低能耗及近零能耗建筑建设试点，强化既有居住建筑节能改造等；2019年《近零能耗建筑技术标准》GB/T 51350—2019根据能耗标准将节能建筑分为超低能耗建筑、净零能耗建筑、零能耗建筑，并提出了降低能耗的相关技术手段，从法规上对于节能建筑有了基础的分类；随后2021年发布的《超低能耗建筑评价标准》对于超低能耗建筑有了更加细化的评价标准；同年发布的《建筑节能与可再生能源利用通用规范》GB 55015—2021提出新建建筑节能设计水平进一步提升，并且将建筑碳排放计算作为强制要求，该规范作为强制性国家标准将有效提升建筑领域的节能效果。节能建筑从技术标准到评价标准有了更加全面的政策支持。

目前，中国多个省市已经相继出台了建筑节能相关政策法规。2001年8月北京市人民政府颁布了《北京市建筑节能管理规定》，规定要求在行政区域内所有新建建筑的设计和建造必须执行建筑节能设计标准，首次以强制性规定要求建筑领域新建建筑节能标准；2014年出台的《北京市民用建筑节能管理办法》替代了2001年的《北京市建筑节能管理规定》，新版本将建筑节能从设计和建造领域延伸到了运行管理领域，通过行政手段对新建建筑节能管理、既有民用建筑节能改造和民用建筑节能运行实施了全过程监管。陕西省于2006年首次颁发了《陕西省民用建筑节能条例》，并在2010年5月和2016年11月进行了修订，最新版本条例要求民用建筑从规划、设计、新建、改扩建、节能改造到运行的过程中执行建筑节能标准，未满足要求的，进行一定的行政处罚。

各省市推进建筑节能工作，有效地推动了全国建筑领域建筑节能工作的法治化。形成了以部委《民用建筑节能条例》等为总指引，地方法律法规为配套的建筑节能法规制度，有力地推进了中国建筑领域建筑节能工作的开展和政策支撑保障体系的完善。

2. 绿色建筑

从2006年《绿色建筑评价标准》始，中国建立了绿色建筑发展的政策思路；2013年《绿色建筑行动方案》提出了中国未来绿色建筑新建方案，提出了未来要大力发展绿色建筑，新建建筑中绿色建筑要占有一定的比率的目标；随后，2020年《绿色建筑创建行动方案》提出到2022年新建建筑中绿色建筑面积占比要达到70%，星级绿色建筑持续增加的目标，绿色建筑经历了跨越式的发展。

在评价标准上，《绿色建筑评价标准》GB/T 50378—2006是中国第一部综合性绿色建筑评价标准，从选址、原材料、节能和运行管理等多方面对建筑进行综合评价。《绿色建筑评价标准》GB/T 50378—2014是2006版本的修订版，在指标体系中增加了两项，并且将一般项和优选项改为了评分项和加分项，评价结果更加精确化。《绿色评价标准》GB/T 50378—2019是第二次修订。2019版本《绿色建筑评价标准》包括安全耐久、健康舒适、生活便利、资源节约、环境宜居和提高与创新六类，包含了建筑物全生命周期内的规划、施工、运行阶段评估。

根据《意见》和《方案》的指引，2022年住房和城乡建设部发布了《城乡建设领域碳达峰实施方案》，规定了建筑领域实施碳达峰的主要目标，其中包括到2025年城镇新建建筑全面执行绿色建筑标准，星级绿色建筑占比达到30%以上，新建政府投资公益性公共建筑和大型公共建筑全部达到一星级以上；对于节能方面，要求新建居住建筑达到83%节能要求，新建公共建筑达到75%节能要求，大力发展零碳建筑和净零能耗建筑。

各省市及自治区根据本地的相关情况，制定了绿色建筑相关法规来促进绿色建筑的发展。如通过制定相关行政法规来激励本地企业新建绿色建筑，如表4-2所示，各省市及自治区对本地新建的符合标准的绿色建筑给予一定的财政补贴来促进本地绿色建筑的发展。

部分省市及自治区绿色建筑法规和奖励标准　　　　表4-2

省市及自治区	法规	奖励
北京市	《北京市装配式建筑、绿色建筑、绿色生态示范区项目市级奖励资金管理暂行办法》	一星级标识项目50元/m²、三星级标识项目80元/m²、单个项目最高奖励不超过800万元
上海市	《上海市建筑节能和绿色建筑示范项目专项扶持办法》	二星级50元/m²、三星级100元/m²
广州市	《支持推广绿色建筑及建设绿色建筑示范项目》	二星级25元/m²，单位项目最高不超过150万元；三星级45元/m²，单位项目最高不超过200万元等
山东省	《山东省省级建筑节能与绿色建筑发展装箱资金管理办法》	一星级15元/m²、二星级30元/m²、三星级50元/m²，单一项目最高不超过500万元
新疆维吾尔自治区	《关于印发全面推进绿色建筑发展实施方案的通知》	二星级20元/m²、三星级40元/m²
宁夏回族自治区	《宁夏回族自治区绿色建筑示范项目资金管理暂行办法》	一星级15元/m²、二星级30元/m²、三星级50元/m²，单一项目奖补资金最高不超过100万元

同样地，在"十四五"期间，各省市及自治区根据住房和城乡建设部下发的《城乡建设领域碳达峰实施方案》和《"十四五"建筑节能和绿色建筑发展规划》为指引，制定了本地区的"十四五"绿色建筑发展规划，并提出了具体的2025年目标，如表4-3所示，各省市及自治区2025年绿色建筑目标主要为城镇绿色建筑

占新建建筑比例达到100%，一星级及以上绿色建筑占比达到30%。

部分省市及自治区绿色建筑法规和2025目标　　　　表4-3

省市及自治区	法规	2025目标
甘肃省	《甘肃省"十四五"建筑节能与绿色建筑发展规划》	新建城镇绿色建筑占新建建筑比例达到100%
江西省	《江西省"十四五"建筑节能与绿色建筑发展规划》	城镇新建建筑星级绿色建筑占比达30%
广西壮族自治区	《广西建筑节能与绿色建筑"十四五"发展规划》	当年新建项目中星级绿色建筑项目占比达30%以上
内蒙古自治区	《内蒙古自治区"十四五"建筑节能与绿色建筑发展专项规划》	星级绿色建筑占城镇新建建筑比例超过30%
山西省	《山西省建筑节能、绿色建筑与科技标准"十四五"规划》	城镇绿色建筑占新建建筑比例达到100%，一星级及以上绿色建筑占比达30%
湖南省	《湖南省"十四五"建筑节能与绿色建筑发展规划》	城镇绿色建筑占新建建筑比例100%
山东省	《山东省"十四五"绿色建筑与建筑节能发展规划》	绿色建筑占城镇新建民用建筑比例达到100%
广东省	《广东省建筑节能与绿色建筑发展"十四五"规划》	城镇新增绿色建筑中星级绿色建筑占比超过30%
贵州省	《贵州省"十四五"建设科技与绿色建筑发展规划》	绿色建筑占城镇新建民用建筑比例达到100%
安徽省	《安徽省"十四五"建筑节能与绿色建筑发展规划》	新建城镇绿色建筑占新建建筑比例达到100%，星级绿色建筑建设比例达到30%

4.4.3　典型企业低碳政策梳理

1. 日本大和房屋

日本大和房屋成立于1955年，是日本最大的住宅建筑商，形成了从住宅的研究开发、建设、销售到建筑住宅的维护等完整体系，在绿色低碳方面，大和房屋主要是通过以下几方面政策来实施：

（1）业务活动中的脱碳

在公司业务活动中，大和房屋会通过将新建建筑全面建成零能耗建筑，并将现有的建筑设施进行更新，实现绿色低碳化发展。目前，大和房屋已经制定企业政策，将新建建筑全面开发成零能耗建筑，并将企业年度能源成本的15%用于投资现有设施的节能设备的更新来降低碳排放，实现绿色低碳发展。在能源使用上，大和房屋积极使用可再生能源，大力开发和推广风能、太阳能和水力发电系统，通过利用建筑技术和运营兆瓦级太阳能装置的经验，在集团所拥有的产业上安装可再生能源发电系统，例如：闲置的土地、工厂、商业和零售设施等，还通过利用客户闲置的土地开展可再生能源发电业务，为客户提供从土地勘测设计到运营管理的一站式端到端服务，在日常运营中，大和房屋将可再生能源应用在办公室、建筑工地等地方，通过可再生能源来确保公司日常运营，降低发电过程的碳排放。

（2）产品和服务的脱碳

大和房屋在建筑产品和服务中应用可再生能源和储能的专业知识，来扩大企业的环保能源业务。通过将太阳能发电系统、高效热水器和最高级的隔热材料作为基础部分来降低碳排放；在大和房屋的产品中，通过可再生能源来驱动社区的发展，通过在开发项目中安装太阳能发电站来引领净零碳城镇，在2019年，大和房屋完成了船桥大绿洲项目，可再生能源的电力可以有效地满足该镇的用电需求。大和房屋还积极进行可再生能源发电的零售，通过从业主那里购买电力，再将可再生能源的电力售卖给业主来促进碳减排。

2. 法国万喜集团

成立于1890年的万喜集团是世界最大的建筑商之一，在建筑行业推进节能减排的背景下，万喜集团积极承担社会责任，制定了2030年直接碳排放较2018年降低40%，间接碳排放较2019年降低20%的目标，主要措施包括以下两种方式：

（1）降低碳排放

通过减少原材料采购的上游碳排放和业务活动产生的下游碳排放来降低建筑全过程的碳排放。对于上游碳排放，万喜集团根据原料与采购碳排放占比最高的特点，推动减少原料直接碳排放与采购流程碳排放。在原材料降碳中，万喜集团一是在建筑过程中选择低碳混凝土、低碳沥青等低碳原料，并与供应商合作开发低碳材料，以此减少原材料碳排放；二是优化施工过程，将节能环保理念融入建筑设计施工中，通过减少原材料的使用、回收原材料等方式降低原料消耗。

在下游碳排放中，万喜集团积极打造低碳建筑和低碳能源。①打造低碳建筑。第一，万喜集团依托于与法国政府的合作关系，对几项典型建筑项目开展全生命周期的能耗与碳排放监测及预测，制定了E+C-低碳建筑标签，推动建筑碳减排。第二，推动建设更生态环保的城市布局，将工业基地进行修复，并改造为符合可持续发展标准的城市生态区。第三，提供现有建筑物的节能改造服务，通过节能设计与改造来降低现有建筑能耗水平，并对建筑回收改造，转换建筑用途，提高建筑全生命周期利用率。②打造低碳能源。万喜集团一是提供优化公共照明、监测建筑能耗、监测工业活动能效、设计并安装智能电网等服务，提供能源优化解决方案。二是建设低碳能源基础设施，如可再生能源设施、储能系统设施、生物质能生产设施、自然资源利用系统。三是在废弃的高速公路、矿场、工地等地点建设光伏电厂，为附近工厂与电网提供可再生电力，以此提供低碳能源生产业务。目前万喜集团的风能与太阳能总装机容量达12GW。

（2）打造循环经济

万喜集团通过使用低碳材料、推动废物回收、开发循环解决方案的措施打造了完整的循环经济体系，提高万喜集团的资源利用率，推进集团节能降碳。在使用低碳循环材料方面，万喜集团主要采用生态设计、低碳采购、材料再利用等方式，以此发展特许经营、能源、建筑等条线的循环经济。在推动废物回收利用方面，万喜对废物进行分类回收，寻找合适的废物回收设施，实现废物无害化处理，同时开展废物再利用，推动废物资源化。在开发循环解决方案方面，万喜集团一是开发可回收材料，将使用可回收材料纳入项目施工规范，在工业活动中开发并应用可回收材料；二是通过土壤修复、资源保护和避免土壤封闭等领域的举措来推动城市更新，建设城市生态区，并且在废弃的土地上开发房地产来提高土地资源利用率。

4.5 中国建筑领域"双碳"政策现存问题

目前，在中国"双碳""1+N"政策体系的引导下，建筑领域对实现"双碳"目标的相关支撑政策、法规、标准等均进行了有益探索，也取得了一定成效，但相对于成熟完善的建筑碳减排政策体系，仍有较大差距，具体如下：

（1）现有建筑领域政策亟待更新以适应新时代发展。从民用建筑节能发展规划来看，目前从部委层面的《民用建筑节能条例》到各省市的民用建筑节能管理条例等，近些年并未重新修订，在规划标准和规划深度等方面未能达到相关要求，相应的监督和评估制度未能有效运行。此外，目前的建筑节能信息专业性内容过多，《民用建筑节能条例》的惩罚无法达到相关目的，不能带来惩戒作用等，不能有效地适应新时代建筑领域的发展。

（2）绿色建筑相关行政法规支撑有待完善。从国家层面来看，中国在"十四五"规划和《城乡建设领域碳达峰实施方案》中提出了绿色建筑相关发展目标，但是目前还没有绿色建筑相关的立法，一定程度上限制了绿色建筑的发展，缺少适用于绿色建筑评价的法律基础。

（3）市场激励和环境规制发展有待提速，在这一方面可以借鉴发达国家的经验，完善中国目前的市场激励机制。发达国家的建筑领域市场激励机制发展较早，通过激励并结合相关技术的进步，在建筑领域碳减排方面取得了良好的环境效果和社会效果。例如，美国对于绿色建筑的市场激励机制包括现金补贴、税收优惠、抵押贷款等方式，此外还设立了鼓励绿色建筑的"碳综合税制"[43]。罗理恒、张希栋等人（2022）研究了中国自1978年至今的环境政策，发现中国环境政策主要以行政命令手段为主[44]，命令型控制手段会通过对高排放企业进行严厉的惩罚等行为来保护环境，但是会增加企业的生产成本和降低生产效率，所以应该主要选择市场型环境政策，如：与环境相关的财政政策、补贴政策、排污费和碳排放权交易等。

（4）农村建筑领域节能政策有待补充。目前，从法律的角度来看，中国建筑领域节能政策和绿色建筑的新建主要集中于城镇建筑，《民用建筑节能条例》也未提及农村建筑，农村建筑领域节能政策的实施刻不容缓。

（5）绿色建筑评价标准的配套政策亟待完善。绿色建筑评价标准在绿色建筑评级中至关重要，现行的绿色建筑标识管理办法经历了多个政策的积累和修订，先后有《关于印发〈绿色建筑评价标识管理办法〉（试行）的通知》（建科〔2007〕206号）、《关于推进一二星级绿色建筑评价标识工作的通知》（建科〔2009〕109号）、《住房城乡建设部办公厅关于绿色建筑评价标识管理有关工作的通知》（建办科〔2015〕53号）、《住房城乡建设部关于进一步规范绿色建筑评价管理工作的通知》（建科〔2017〕238号），最新的版本为住房和城乡建设部2021年发布的《绿色建筑标识管理办法》。《绿色建筑标识管理办法》要求各省市负责一二星级绿色建筑评价标识的授予与管理，三星级绿色建筑由省级住房和城乡建设部门进行推荐。对于绿色建筑评价标准在各地进行贯彻落实的力度不够，尤其各省市自行负责一二星级绿色建筑评价标识的授予和管理，可能会出现政策力度打折的现象。

（6）既有建筑进行绿色化改造的相关法规体系有待建立。目前，部委和各省市推行的绿色建筑法规内容主要是针对新建城镇建筑，而中国目前有大量的存量建筑，这些建筑在设计之初并未按照绿色建筑标准进行设计和施工，运行阶段能源消耗水平比较高，相关的建筑垃圾和建筑噪声等其他问题也日益突出。近年来，国务院也多次强调要进行老旧小区的改造工作，不断完善城市管理和服务，同时要以相关的绿色化改造法规作为支撑，来推进相关工作的有效开展。

4.6　建筑领域政策与标准体系实施及优化路径

建筑领域实现"双碳"目标需要以政策为导向，为整个行业绿色低碳发展提供支持和保障。政策可以通过推进建筑领域政策修订、提高建筑能效水平、将农村建筑纳入建筑节能强制标准、全面推进绿色建筑发展和建立健全绿色建筑法规体系等方面进行优化和完善。

推进建筑领域政策修订，完善新时代建筑领域政策，通过修订《民用建筑节能条例》，研究以市场机制为主要作用的建筑节能推广机制。提高建筑用能数据的测算水平和服务水平，释放相关主体对建筑节能的需求，为建筑碳交易提供数据支撑。完善建筑节能交易和碳交易政策，大力发展碳交易市场机制和碳抵消机制，为全国统一碳交易市场引入更多的行业，倒逼高消耗企业进行碳减排，对于积极进行碳减排的企业进行一定的鼓励。加快建立建筑节能全过程管理体系，提升建筑业主对建筑节能性能承担主体责任，提升建筑节能质量水平。建立完备的市场激励机制，针对建筑领域碳减排行为制定相关的补贴和奖励，如：对于绿色建筑采取相应的补贴，对于引入清洁设备的企业进行税收优惠等。在绿色金融支持上，对于建筑领域相关融资活动给予一定的支持，允许开发商发行绿色债券，建筑领域高质量发展创造便利的融资条件，在条件成熟的地区对绿色建筑、超低能耗建筑等开展不动产信托投资（Real Estate Investment Trusts，REITs），增加绿色资产的可流动性。同时，加大对建筑减排相关技术的投入，大力培养相关人才。以市场机制为主要作用的建筑节能推广机制应当产生长期效应，才可以健康地推动建筑领域实现"双碳"目标。

提高建筑的能效水平。对于既有建筑，结合旧城更新和老旧小区改造等活动实施节能改造，对于有条件的小区实施绿色化改造和节能改造，并有机结合北方清洁取暖等工作，明确相应的改造任务，进一步提升能效水平。积极引导财政资金和社会资本投入既有建筑的改造，充分发挥能源企业、建筑业主和政府、市场的积极性，使得既有建筑提高能效水平和绿色化程度。要对新建建筑执行更为严格的能效水平标准，在有条件的省市积极开展零碳建筑和零碳社区的试点工程，全面推广超低能耗建筑和零碳建筑。对超大型、超高型建筑进行严格控制，在建设前进行能耗的转型核查。推动新建建筑向绿色化、零碳化转型，从根源上解决建筑能源消耗和碳排放问题。

将农村建筑纳入建筑节能强制标准中，提高农村新建建筑和既有建筑的能效水平。在经济发达地区积极引导农村新建和改扩建建筑按照《农村居住建筑节能设计标准》GB/T 50824—2013等进行设计和建造，对其他地区进行鼓励。对于农村新建公共建筑和政府投资建筑，应当主动按照相关节能标准和准则进行建造。各省市应当根据本地的气候条件、资源、经济发展水平、文化和习惯等方面编制本地农村建筑节能技术导则、建造细则等，通过试点项目在农村地区进行大力推广，提高农村地区节能建筑的设计能力和建造能力。在有条件的地区积极引入轻型钢结构、现代木结构、装配式建筑等新型房屋，在保障农村地区住房安全的同时减少能源消耗。改善农村地区建筑用能结构，推广生物质能、太阳能等，解决农村地区日常供暖、生活等需求，提高能源效率，降低日常生活过程中所产生的能源消耗。

全面推进绿色建筑发展。通过将目标分配给各个省市来促进各地区落实绿色建筑发展，并以各个地区每年上报的绿色建筑进展报告来了解相关进程。对于新建公共机构、保障性住房和政策投资的新建建筑等强制执行绿色建筑相关标准，条件允许的地区可强制要求为星级绿色建筑，不断加大绿色建筑标准的强制执行力度和范围，同步强化绿色建筑评价标准执行和绿色建筑质量监督。将绿色建筑管理纳入建筑领域规划、设计、施工、竣工验收、运行等全周期阶段，也将其纳入绿色建筑评价标准中。建立绿色建筑信息上报机制，每年上传绿色建筑相关能耗运行、建筑碳排放等数据，对不达标的建筑取消绿色建筑标识。中央和各省市对于星级绿色建筑的补贴政策应当落实到位，各地区对于星级建筑提供相关配套奖励，对星级绿色建筑的发展提供资金奖励，为相关企业提供动力。

编制绿色建筑管理办法，建立并完善绿色建筑法规体系。从国家层面编制《绿色建筑管理办法》，并将绿色建筑相关内容加入《民用建筑节能条例》，完善《绿色建筑评价标识管理办法》，落实各级政府责任主体，加强绿色建筑标识监管，积极推进绿色建筑标识体系构建。从根本上为绿色建筑的发展提供法律支撑。

第 5 章
建筑领域科技支撑路径

5.1 国内外典型零碳/低碳建筑示范项目综合对比分析

在建筑领域，零碳、低碳建筑通过采用多种节能减碳技术，能够在全生命周期内减少能源消耗，提高能效，实现较低甚至零碳排放。在碳减排、碳中和的背景下，这类新兴的建筑发展模式正在成为国内外建筑行业转型发展的重要方向。表5-1展示的是部分国内外较为知名的零碳、低碳建筑项目。

部分国内外零碳、低碳建筑项目 表5-1

项目（竣工/投入使用时间）	国家/地区	项目（竣工/投入使用时间）	国家/地区
Echo教学大楼（2022）	荷兰代尔夫特市	中建滨湖设计总部（中建低碳智慧示范办公大楼）（2022）	中国成都
Burwood Brickworks（2020）	澳大利亚墨尔本	美国John J.Sbrega健康科学大楼（2020）	美国马萨诸塞州
香港"零碳天地"（2012）	中国香港地区	新加坡SDE4大楼（2019）	新加坡
美国奥兰多麦当劳旗舰店（2020）	美国奥兰多	上海中心大厦（2016）	中国上海
德勤荷兰总部（2016）	荷兰	布利特中心办公楼（2013）	美国西雅图
Moro Hub数据中心（2023）	迪拜	德国巴斯夫"三升房"（2010）	德国
SABIC大楼（2022）	沙特朱拜勒	德国邮政大楼（2002）	德国波恩
挪威Powerhouse Telemark能源大楼（2020）	挪威波什格伦	西班牙Turó de la Peira体育中心（2019）	西班牙
Skellefteå Sara 文化中心（2021）	瑞典谢莱夫特奥	墨西哥瓜达拉哈拉新机场航站楼（2020）	墨西哥
鲍霍夫大街酒店（2020）	德国路德维希堡	鹿特丹浮动办公室（2020）	荷兰鹿特丹
美国苹果新总部园区（2018）	美国加利福尼亚州	波士顿大学数据科学中心（2022）	美国波士顿
伍德赛德科技与设计大楼（2021）	澳大利亚墨尔本	巴林世贸中心（2008）	巴林

续表

项目（竣工/投入使用时间）	国家/地区	项目（竣工/投入使用时间）	国家/地区
东英吉利大学企业中心（2020）	英国诺里奇	德国R129超级未来型节能住宅（2019）	德国
Bloomberg 欧洲新总部大楼（2019）	英国伦敦	纽约帝国大厦（改造）（2016）	美国纽约
催化剂办公楼（2020）	美国斯波坎	Kathleen Grimm 领导力和可持续性学校（2016）	美国纽约
绿色灯塔（2021）	丹麦哥本哈根	Hans–Olof房屋（2018）	瑞典哥德堡
北京城市副中心智慧能源服务保障中心（2022）	中国北京	奥林匹克之家（2019）	瑞士洛桑

　　本书对国内外零碳、低碳示范项目使用的各类节能减碳技术按照建筑全生命周期不同阶段进行分类整理，得到的汇总结果如图5-1所示。

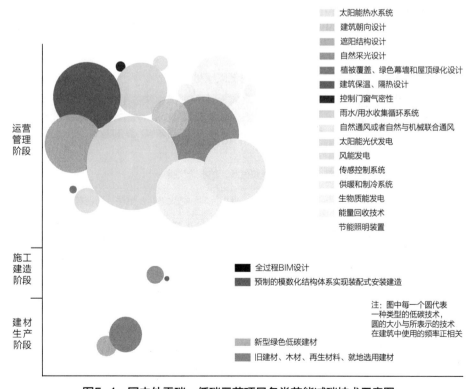

图5-1　国内外零碳、低碳示范项目各类节能减碳技术示意图

从图5-1中可以看出，国内外零碳、低碳建筑在低碳技术以及相关设计的使用方面，部分节能减碳措施（如太阳能光伏发电、自然采光设计等）在低碳建筑中出现的频率明显高于其他措施，但是少量建筑除了使用这些通用的技术以外也会根据其所要实现的节能减碳目标以及现有的技术条件，结合当地的自然环境条件，采用个别较为新颖、创新的减碳设计，体现共性的同时也表现出特性。

5.1.1　常见通用模块

从建筑全生命周期角度看，国内外零碳、低碳示范建筑在建材生产、施工建造以及后期的运营管理等阶段所应用的节能减碳技术体现出一定的共性。在建材的选用方面，出于减少建材生产过程中产生的碳排放考虑，国内外零碳、低碳建筑通常会减少对传统水泥、钢筋等建材的使用，转而使用新型绿色低碳建材、旧建材以及再生材料等，其中常用绿色低碳建材如表5-2所示。在项目施工阶段，装配式施工建造成为低碳建筑的主要建造方式之一，出现的频率最高（图5-1）。针对建筑运营使用阶段而设计的节能减碳技术或者装置，例如被动式太阳能利用、优化围护结构热工性能、水资源循环利用、自然通风、可再生能源发电、低能耗供暖与制冷系统、能量回收技术、节能照明等，普遍被应用于当前的低碳建筑中。

常用绿色低碳建材　　　　　　　　　　表5-2

功能分类	低碳建材
保温材料	岩棉板、模塑聚苯板、挤塑聚苯板、石墨聚苯板、聚氨酯板、真空绝热板和气凝胶毡等
防水卷材	高性能防水卷材、防水隔气膜、防水透气膜
功能涂料	防水涂料、反射隔热涂料、保温涂料、防火涂料及抗菌、防霉等
预制构件	预制混凝土叠合板、预制楼梯、预制梁、预制柱、预制内外墙板、蒸压加气混凝土墙板、轻质墙板等
门窗系统	被动式门窗、节能玻璃、节能门窗型材

5.1.2　典型差异设计

除了上述共同点以外，通过对比也可以明显看出不同零碳、低碳建筑在节能减碳设计方面存在的差异。

首先是在建材的使用上，除了表5-2中的常规低碳建材以外，个别建筑也会使用其他新型绿色低碳建材，例如低碳水泥、低碳钢结构建筑材料、新型凝胶材料、纳米漆以及碳纤维材料等。其次，以建筑信息模型（BIM）、大数据、云计算、物联网以及人工智能等为代表的现代信息技术集成应用已经在部分建筑的工程建设组织和施工管理过程中得到率先实践。自动化机械、建筑机器人、3D打印建造技术等在低碳建筑领域的应用，先进建造设备、智能设备的研发、制造和推广，在提高各类施工机具的性能和效率，提高机械化、自动化施工程度的同时，也提高了精益化施工水平。

针对后期使用阶段的节能减碳设计，从被动式技术的角度来看，由于被动式节能减碳技术强调建筑对气候和自然环境的适应及协调，即所谓的"因地制宜"，因此需要根据不同地区的气候特征和自然条件，进行合理的场地、空间形态布局，使建筑与周围环境之间形成自然循环的系统，从而达到节约能源的效果。基于"因地制宜"的思路，不同国家和地区会根据各自的自然条件和地理环境等因素，对建筑的被动式技术进行优化调整。从目前国内外低碳建筑实践来看，被动式节能减碳的设计思路虽然大体上仍然是从被动式太阳能利用、优化围护结构热工性能、水资源利用、自然通风、可再生能源发电、低能耗供暖与制冷系统、能量回收、节能照明等几个方面进行考虑，但是不同气候区的建筑在节能减碳设计上的侧重点和实现方式各有不同：在北欧的斯堪的纳维亚地区，由于该地区纬度较高，冬季漫长而严寒，夏季温暖而短促，年平均气温在12℃左右，建筑供暖需求大、热负荷高，因此该地区的低碳、零碳建筑格外重视建筑的保温性能以及门窗的气密性，同时需要对太阳的光和热进行更加充分的利用；而在副热带夏干气候的南欧地区或者是全年高温的热带地区，建筑则需要具有更为优良的隔热和通风效果，因此隔热涂料、遮阳结构、低辐射玻璃、热绝缘热反射材料以及自然通风设计在这类建筑中会被经常使用，同时低能耗的制冷系统和机械通风设备也是这类地区建筑节能减碳的一种有效方式。本书对国内外部分建筑被动式节能减碳技术的使用情况进行了汇总，见附录D。

从国内与国外的横向对比来看，目前在被动式节能减碳技术的使用方面，国内大部分低碳、零碳建筑在被动式节能减碳技术的创新上仍有较大的进步空间[45]，从附录D中也可以看出，大量建筑采用的都是相似的设计，这既有技术条件的限制，也有项目成本负担的考虑。基于低碳建筑长远发展的角度，考虑到中国地域广阔，横跨多个气候带，不同气候区的城市之间以及国内与国外的城市之间都存在着巨大的气候差异，加快提升自主科研水平势在必行。建筑后期使用阶段的节能减碳设计以及技术优化的工作需要在对现有技术和案例进行借鉴和模仿的同时，根据国内各个地区的自然条件、室内环境、建筑特点、居民生活习惯以及建筑用能强度等要素进行有效整合，在兼顾经济性和舒适性的前提下实现多种技术的集成和创新，研发出适合中国区域环境、体现区域特色的功能性、适用性被动式低碳技术。

在主动式减碳设计方面，不同建筑之间差异较大，这主要与技术水平和项目投入有关。在近年来国内外大型建筑中，也出现许多新型的节能减碳技术，例如智能传感控制系统、热敏地板、储能地板、新型节能照明装置、电梯发电技术等。其中智能控制系统作为智能化楼宇管理的核心，可以通过分布在整栋建筑各个房间、角落的传感装置，对整栋建筑包括中央空调系统、给水排水系统、供配电系统、照明系统、电梯系统以及室内环境舒适度等进行集中监测，并根据反馈的信息遥控相关装置的运行与调节，从而提升和控制楼宇能效和运行效率，该系统也正在成为越来越多低碳、零碳建筑有效整合和协调优化各项节能减碳技术的关键装置。

5.2 低碳技术谱系及其减碳机理

建筑领域低碳技术涵盖领域多，涉及范围广，是电气、交通、冶金、化工、石化等多个行业部门的低碳发展成果在建筑领域的集中体现和综合应用。在建筑设计环节，常用的建筑低碳设计包括提高太阳能利用效率、优化围护结构热工性能、建筑自然通风以及水资源节约和循环利用等。在建材环节，可以通过在建材中更大比例地使用以低碳水泥、低碳钢材和纳米环保涂料为代表的新型绿色低碳建材以及再生循环材料来实现建筑减碳。施工建造阶段，低碳建筑一般采用BIM设计以及装配式安装建造的方式来降低碳排放。在运营管理环节，主要涉及一些节能减碳装置的应用，包括智能环境监测和能耗控制系统、能源回收设备以及节能照明装置等。在建筑拆除处置环节，包括低碳拆除技术以及拆除后废旧建材回收再利用等。

为清晰反映建筑领域低碳技术应用情况，本书梳理低碳技术谱系，详见附录E。

5.3　建筑领域低碳技术应用现状、障碍及发展趋势

上文通过对低碳建筑对比分析以及技术谱系梳理，从总体上对中国低碳建筑以及相关的节能减碳技术进行展示。本节将从技术应用现状、发展障碍以及未来趋势三个角度对中国建筑领域低碳技术作进一步介绍。

5.3.1　建筑领域低碳技术应用现状

得益于近年来社会各界对建筑低碳发展的关注日益增加，各类规范标准的陆续出台，以及项目资金的不断充实落实，国内与建筑相关的低碳技术已经得到较大发展，建成了一批以技术创新为特色，具有示范推广意义的试点项目，例如齐鲁医药学院"零碳校园"工程、隆基绿能"零碳工厂"示范项目等。本书汇总了其中部分项目用于展示国内低碳建筑发展的新成果，详见附录F。

目前国内的低碳、零碳建筑中，有一部分大型的、公用性质的建筑是以试点或者示范项目呈现，由于这类项目预算更为充裕，而且更多注重的是低碳、零碳建筑减碳节能技术的社会面宣传和展示作用，因此建设方会从建筑全生命周期的角度考虑建筑的减碳效果，在建筑中多使用国内外较为先进的节能减碳技术，从而使这类建筑在国际绿色建筑评价体系中可以获得较高评级等级。但另一方面这也导致了建筑的建造成本高昂，除了上述示范性建筑以外，许多商用或者民用建筑由于其分布零散、规模有限的特征，无法负担高昂的建造成本，导致建筑中使用的节能减碳技术较少，技术水平较低。

总体而言，当前建筑领域低碳技术发展仍然面临许多问题和挑战，通过低碳技术发展推动建筑领域实现"双碳"目标仍然任重道远。下面将从建材生产、施工建造和运营管理三个环节具体分析国内建筑领域节能减碳技术的发展现状。

1. 建材生产阶段

国内低碳建筑材料发展较为缓慢，难以满足现阶段低碳建筑对新型低碳建筑材料的需求，相关技术有待进一步成熟完善。同时，低碳建筑材料的造价一般较为昂贵，导致低碳建材推广受到限制。此外，中国建筑材料中以外墙外保温体系为主的围护结构保温隔热技术在发展过程中始终存在着使用可靠性、寿命周期、维护方便性、经济性以及施工过程的防火性能等问题，这些问题在新型建材中仍

然有待解决[46]。

目前，中国绿色建筑行业中普遍使用的绿色建筑材料主要包括混凝土的切块、纸面的石膏板、GRC条板以及预制的轻轨龙骨内墙板等[47]。"十三五"期间中国绿色建材应用比例超过40%，预计"十四五"时期绿色建材使用比例将超过70%[5]。减少建材环节的碳排放，改进传统建材性能或者研发新型绿色低碳建材都是重要途径。

（1）传统建材改进

在改进传统建材方面，水泥、石灰以及钢材作为最基础的材料，一直是绿色改进、压缩边际排放的重点对象，其中尤其以水泥行业为重点①。目前国内对于传统水泥行业的节能减碳措施主要集中在节能降耗、替代原料、替代燃料、熟料替代、CO$_2$捕集利用等方面[47, 48]，具体减碳措施和技术如表5-3所示。

传统水泥行业的节能减碳技术　　　　　　　　表5-3

技术类别	具体内容
提高能效水平	1. 信息化、数字化和智能化技术加强能耗的控制和监管； 2. 专家操作优化系统、能效管理系统； 3. 六级预热预分解、两档式短窑、第四代冷却机等先进烧成系统技术、现有炉窑系统辅助技术改造； 4. 低阻高效分解炉、高效熟料篦冷机、多通道高效燃烧器、富氧燃烧、新型隔热材料等燃烧系统改进技术； 5. 使用新型隔热、保温耐火材料及回转窑高效密封技术，减少散热损失； 6. 改造升级余热发电系统，更换带独立蒸汽过热器的窑头余热锅炉，冷却机采用部分循环风，提高余热发电量； 7. 一体化高性能墙材的蒸养，提升余热的热能利用效率； 8. 立磨、辊压机终粉磨以及联合粉磨等高效粉磨技术； 9. 工艺管道低风阻设计，高效风机电机； 10. 高效粉磨节能技术； 11. 水泥窑炉高效预热分解技术； 12. 大推力燃烧节能技术； 13. 水泥熟料烧成系统优化技术； 14. 水泥熟料高效冷却技术； 15. 低温余热发电技术； 16. 水泥企业两化融合技术
替代原燃料及协同处置废物	1. 开展水泥窑协同处置，利用废轮胎、生活垃圾、污泥等固体废物替代燃料，加强相关燃料替代技术的研发和应用； 2. 使用以高炉废渣、电厂粉煤灰、煤矸石等废渣为主要原料的超细粉替代普通混合材，超细粉掺加量增加5%，减少水泥熟料消耗量； 3. 工业废渣原料替代技术； 4. 生物质燃料替代技术； 5. 水泥窑协同处置废弃物技术

① 根据中国建筑材料联合会发布的《中国建筑材料工业碳排放报告（2020年度）》显示，中国建筑材料工业2020年CO$_2$排放量14.8亿t，比上年上升2.7%，水泥、石灰行业的CO$_2$排放量分别位居建材行业前两位。

续表

技术类别	具体内容
低碳新工艺、新技术、新产品	1. 阿利特-硫铝酸盐熟料，有碳化反应的硅酸盐熟料等低碳熟料开发； 2. 富氧燃烧技术； 3. 水泥熟料煅烧氢能利用技术； 4. 光伏和风力发电技术； 5. 高贝利特水泥技术； 6. 新型胶凝材料技术、低碳混凝土技术、吸碳技术等
固碳与碳捕集封存	1. 通过植树造林、森林管理、植被恢复等实现部分碳汇； 2. 碳捕集与封存技术（CCUS）

在钢铁建材节能减碳方面，目前尚未出现突破性的技术进展[49]。现阶段钢铁行业使用的减碳技术主要可以分为两类：一类是以氢冶炼为代表的低碳冶炼技术与碳捕集、封存以及回收利用技术相结合；另一类是以电解法为代表的无碳冶炼技术。其中，前者发展相对较快，国内已出现了各类试点项目，但总体上仍处于概念提出或早期测试阶段，尚未实现大规模商业化应用。

（2）新型建材研发

除了在传统水泥行业进行节能降碳以外，新型低碳建材的研发和应用是建材减碳的又一种重要方式。以新型镁质水泥为例，作为未来硅酸盐水泥的有力替代者之一，镁质水泥生产所需的氯氧镁水泥材料和硫氧镁水泥材料在制备时，菱镁矿的煅烧温度仅需750~850℃，即可得到具有适当活性的氧化镁，大大降低煅烧温度，减少能源消耗。同时，镁质水泥的制备工艺更是只需经过一磨一烧，相比硅酸盐水泥两磨一烧的工艺，不仅制备工艺简单，还降低对资源的消耗，节约能源。此外，镁质水泥在成型过程中还能吸收CO_2（每吨镁质水泥大约吸收0.4t CO_2），总能耗也比硅酸盐水泥低50%，比石膏低67%，CO_2排放量约为硅酸盐水泥的50%、石膏的67%[50]。

除镁质水泥以外，在其他新型低碳水泥研发方面，国内也已经取得一系列成果，例如武汉理工大学发明的低碳水泥生产工艺可以使碳排放量减少50%以上，同时能有效降低水泥生产成本，目前这一技术已在湖南、云南、江西、山西等省份的7家水泥厂进入试点投产阶段；湖北大学天沐新能源材料工业研究设计所（湖北省锂基材料制备技术研发中心）研发设计的"商河山水水泥有限公司100万t/a共性集成粉磨绿色低碳水泥生产线"在2021年也已经顺利竣工准备投产，使用该生产线每生产1t水泥，CO_2的排放量可以减少20%以上；南京工业大学研发的低碳水泥可实现水泥碳排放量减少50%以上，学校目前已与部分水泥企业建立了"低碳水泥"技术应用合作工程，准备试点投产。从这些低碳水泥的研发案例中可以看出，虽然国内已经取得许多突出成果，但现在仍然处于研发到小规模试产投产阶段，而且从整个行业来看，稳定、高效的低碳建材技术目前仍无法实现大规模的投产应用。

（3）旧建材和再生建材使用

充分利用旧建材和再生建材可以减少生产加工新材料带来的资源、能源消耗和环境污染，充分发挥建筑材料的循环利用价值。在来源方面，旧建材主要由废旧建筑拆除后产生的建筑垃圾转化而来，主要包括两类，即可再利用建筑材料和可再循环建筑材料[51]。前者从建筑物上拆落后原貌基本不改变，只需要对其进行适当清洁或修整，并且在质检合格后，便可以直接回用于工程建设；而后者则需要经过破碎、回炉等专门工艺加工，形成再生原材料用于替代传统形式的原生原材料，生产出新的建筑材料。

从现状来看，国内现阶段废旧建筑材料回收利用的技术手段仍需进一步完善，常见的问题有：①废旧建筑材料回收利用的效率、效益有待提高；②回收利用废旧建筑材料的产业链有待改造提升；③废旧建筑材料回收利用的相关制度规范有待健全等。

在大城市周边的广大城乡融合地带上述问题尤为严重，废旧建筑拆除后产生的建筑垃圾得不到规范处理，在多数情况下会在拆除现场被直接出售。出售的废旧建材大部分会被回用于建筑施工，例如农民会购买门窗、木材、实心黏土砖等废旧建筑材料建造自家住宅；工厂会购买废旧建筑材料用于建造简易厂房；施工企业会选择经过检验确认质量较好的钢筋经过敲打、拉直等简单加工后用作新建房屋的配筋或制成铁艺栏杆作庭院围栏。废旧砖瓦在当地以人工方式用瓦刀去除掉整砖周边存留的水泥砂浆后，大部分会被用来建造施工工地上品质要求不高的临时建筑，如临时住房、临时仓库、临时办公室、临时食堂等。建筑渣土会被用来填挖基坑、平整场地或运往城市城郊集中堆放地点。碎砖会被用来铺路、垫高基地、回填等，而在农村地区通常都是将建筑废料整车倾倒在需要垫高的基地上，潜在的环境污染和不均匀地基沉降问题相当严重。废旧混凝土通常被运往郊外露天堆放或填埋。

在国内大城市中，北京、上海、福州、常州等35座城市已经从2018年起试点推广建筑垃圾资源化处理项目，项目所采用的建筑垃圾资源回收利用流程主要分为垃圾分类、回收处理、再生处理、资源化利用、产品应用等五个主要步骤，如表5-4所示。

中国建筑垃圾资源化回收处理流程　　　　　　　　　　表5-4

流程步骤	具体内容
垃圾分类	将回收垃圾分成渣土、碎石块、废砂浆、混凝土、沥青土、废金属料、木材七大类
回收处理	将混凝土和水泥等废弃物进行破碎、筛分； 将木材、钢筋和有机物质去除后，破碎砖渣类建筑垃圾并进行分拣、去除
再生处理	将混凝土、砖和石等按照不同配比尺寸等做成再生骨料，后可制成再生砖、无机料等进行二次利用
资源化利用	再生骨料可用于制作再生砖（地面砖、透水砖等）、再生砂浆、再生混凝土和路用无机料等
产品应用	内墙装饰砖、植草混凝土、海绵城市构件

总体而言，目前中国的建筑垃圾资源化回收再利用率仍有较大的提升空间，截至2020年底在全国35个试点城市中，建成建筑垃圾资源化处理项目近600个，资源化处理能力为每年5.5亿t，但其中实际实现资源化利用的建筑垃圾仅为3.5亿t，利用率不足10%，而欧美发达国家的利用率则在95%以上[52]。

2. 施工建造阶段

在进行施工期间，引发碳排放的环节主要包括：建筑材料的运输以及现场的二次加工和使用，相关工作者的生活、机械加工、装修等方面。参照国内外低碳、零碳建筑示范项目的经验，该阶段降低碳排放常用的方法有：通过合理选择结构形式来降低建筑材料的碳排放；就地取材，减少建材运输产生的碳排放；提高工业化和装配化水平，从而减少工作量，降低施工工期，减少施工机械使用；优化项目管理模式，提升施工效率等。其中，发展装配式建筑，提高建筑工业化水平和装配率是降低建筑施工阶段碳排放量的主要方式。

装配式建筑的施工具有现场无水、无泥、无味、无尘土的特点，也无需机械切割，能够降低噪声和环境污染，减少能源消耗，在施工过程中，只需要对预制构件进行拼接，方便高效，既提升施工效率，又能缩短工期，在较大程度上降低施工建造阶段产生的碳排放。以某市办公楼项目为例，通过量化计算可以发现装配式施工较现浇混凝土施工减少40.73kg CO_2 的排放[53]，其主要原因就在于装配式建筑采用工厂生产、现场装配的方式，能够大幅提高现场的安装机械程度，减少人工消耗。相对于传统现场现浇建筑支模、钢筋绑扎、混凝土泵送等大量湿作业，能够有效减少现场施工能源消耗。通过这个案例可以进一步说明装配式施工在节能减碳方面的可行性和优越性。

为在国内进一步推广普及装配式建筑，早在2016年国务院就已出台指导意见，要求大力发展装配式混凝土建筑，不断提高装配式建筑在新建建筑中的比例[54]。"十三五"期间，建筑行业碳排放量从2018年底的49.32亿t增长到2020年底的50.8亿t，三年复合年化增长率（Compound Annual Growth Rate, CAGR）仅为0.99%，建筑全过程碳排放量增速已经明显放缓，其中部分原因就在于装配式建筑的不断推广，装配式建筑的低碳红利正在不断显现[55]。然而，相较于发达国家，中国装配式建筑在现有建筑中所占比例仍然偏低，目前的实际占比仅有10%左右[56]，且在发展过程中存在以下问题：

（1）装配式建筑构件标准化、通用化程度较低

在实际操作中，同类构件存在多种不同的规格尺寸，构件通用化程度低。模具用量大，生产、堆放、运输、安装等各个环节的管理相对困难，生产效率低，模具摊销成本和人工成本高，未能充分发挥装配式建筑的优势。

（2）项目管理模式创新不足，现代化建造模式成本长期居高不下

从现有的实践经验来看，采用现代化建造模式虽然可以大大缩减现场施工时间，降低工作强度，但是在短期内也会提高工程的整体造价①。结合国内的实际情况，由于现代化建造模式所需的高技能工人存在供给短缺，以及劳动力技能提升导致的劳动力价格上涨，加之技术的更新会带来一系列设备更新费用和培训费用，这些因素最终会导致造价增加约30%[57]。

（3）信息化水平较低

建筑信息模型（BIM）虽然在国内部分低碳、零碳示范建筑中已有实践应用，但是在整个建筑行业内总体上推进缓慢，基本还停留在设计或模拟、展示层面，缺少对设计、生产、物流、施工全产业链的统筹应用。多数地区未建立信息化管理平台，信息化、智能化总体水平偏低。

虽然装配式建筑在目前的发展过程中仍存在部分问题，但是随着国内技术的逐步成熟和装配式建筑的优势不断显现[58]，可以预计，在"双碳"目标的牵引下，未来装配式建筑在国内将有广阔发展前景，尤其是在农村住宅领域，装配式农宅十分契合中国环境发展趋势，可以有效提升农宅综合效益，是未来绿色农房的重要发展方向。

---

① 根据《国际建造成本报告2022》公布的数据，目前在英国采用现代化建造模式会使其造价增加15%左右，欧洲其他地区约为8%，美国平均在6.3%左右。

3. 运营管理阶段

在建筑运行使用阶段涉及的节能减碳技术主要可以分为被动式和主动式两个方面。其中，建筑被动式低碳技术可分为两方面：一是通过优化围护结构热工性能、减少透明围护结构的太阳辐射的热量等手段降低室内冷热负荷；二是充分应用自然通风等技术缩短空调系统等建筑用能系统的运行时间[59]。主动式低碳技术是指，通过提升空调、照明、电梯等用能系统的能效或采用节能控制策略，达到减少建筑用能总量和CO_2排放量的目标。除此以外，建筑屋面铺设光伏电板也是一种在低碳建筑中十分常用的节能减碳措施。一般而言，光伏发电量和CO_2减排量会随着铺设面积的增加而提升，但由于建筑整体能耗同时随其体量的增大而快速上升，同时光伏发电还会受到当地气温、日照以及湿度等因素的影响，因此光伏发电给建筑带来的节能减碳成效需要依具体情况而定。对于较大体量的建筑，除屋面光伏外还会采用建筑光伏一体化技术来进一步增加发电量。

从目前国内低碳、零碳建筑的建设经验来看，在被动式和主动式低碳技术的选择中，大部分建筑仍然遵循"被动优先"的原则，即被动措施要优先于主动措施，这也是国外建筑的重要设计理念之一。遵循"被动优先"原则的原因在于：

（1）经济优势

经济优势主要表现在更低的初始建造成本以及后续维护改造费用方面。如表5-5所示，通过采用被动式节能减碳技术，与当地自然环境条件有效融合，可以使建筑在达到同等节能减碳效果的情况下相较于主动式或者可再生能源技术节省更多的成本；同时被动式技术作为建筑本体的一部分，会对建筑的设计理念、功能定位、结构造型、空间布局等方面产生直接影响，在项目设计之初便被纳入整体规划之中，使得建筑暖通装置的容量和投资在一次性投资时就能尽可能减少甚至免除，而且这个效益在设备第二次更新时依然存在。能耗成本、运行成本以及维护成本的降低，均极大地节约了建筑的总成本。

上海某办公大楼节能方案的比较　　　　　　　　　　表5-5

上海某办公大楼为满足绿建三星标准	被动方式	主动方式
要求：节电80000kWh/a	增加外围护保温厚度	增设光伏板
一次性投资	低 [4.5元/（kWh·a）]	高 [8元/（kWh·a）]
使用年限	大于50年（与建筑同寿命）	20年
占用面积	小	900m²屋顶面积
维护费用	低/无	较高

续表

上海某办公大楼为满足绿建三星标准	被动方式	主动方式
对环境温度影响	无	有
后期增设光伏板可能性	高	有限
后期成为零能房、产能房可能性	高	低
对建筑物的保护	更好	无
舒适度	更好	一般

（2）节能潜力

建筑内被动式技术的节能潜力显著高于主动式。充分利用被动式技术，有助于最大限度地开发建筑节能的潜力，减少主动措施的投入。被动节能不充分的建筑，容易产生主动设备投资过度、运行低效以及能量需求缺口过大等问题，而且能量需求缺口一旦超出可再生能源的覆盖范围，建筑将无法达成碳中和的目标。

（3）整体策略

建筑领域实现碳中和，首先是建筑本体被动优先，降低能源消耗；然后再是建筑设备主动优化，将建筑能耗降到最低；最后用可再生能源覆盖被动式建筑的少量能耗缺口，达到零能耗房或者产电超出建筑自身所需成为产能房。

"被动优先"是建筑节能减碳设计的一大策略。就低碳技术的使用而言，目前国内低碳、零碳建筑在运营管理阶段都会采用若干节能减碳技术，其中部分大型公用性质的建筑使用较多较为先进的被动式和主动式技术，并通过智能楼宇控制系统对整栋建筑使用的各项功能设计和减碳技术进行整合协调，从而使建筑能够实现较高的能源利用效率和减碳成效。但是除这部分建筑以外，其余的商用或者民用建筑受限于技术水平以及成本要求，更加侧重于被动式技术。根据当地建筑在保温、隔热、采暖、制冷等方面的需求，借鉴国内外建筑在相关方面的常用设计，在成本有限的条件下达到较好的减碳效果，这也是目前许多地区正在大力推广的一种建筑形式，已经形成一批地区示范性质的建筑，例如无锡"天上村前"保护及城市更新K21号栋、保定市尚玉园·玺苑住宅项目、石家庄中心商务区展示中心、宝鸡市世贸·九里君和康养住宅项目、南阳市超低能耗城市书房项目等。

从现阶段被动房发展态势来看，国内被动房项目正在逐步从小范围试点向规模化方向发展，同时在各地出台政策的强力推动下，被动房推广迅速，河北、山东等地被动房社区已达到10万m²以上。然而，由于被动式建筑在国内仍处于发展初期，相关技术的应用主要来源于对国外类似建筑的借鉴，自主研发适应性技术存在困难，导致目前在被动房日益兴起的背景下，许多项目出现工程质量不达标、减碳效果不理想、能效管理不到位等现象。

5.3.2　建筑领域低碳技术发展障碍

通过对比分析国内外低碳、零碳建筑的发展现状可以看出，当前制约中国建筑领域发展低碳建筑、实现"双碳"目标的障碍主要有：建筑节能减碳技术水平相对落后、自主技术研发能力偏弱、专业人才缺乏以及产业协作力度不足等。这些障碍都极大地影响低碳技术在中国建筑领域的应用及推广。此外，发达国家由于担心向中国提供低碳技术会影响其在低碳技术市场中的竞争力，所以也不愿意积极主动转让低碳技术，这就阻断了技术推动和市场拉动两条促进低碳技术进步和国际低碳技术合作的道路，导致国内部分建筑只能通过大量投入实现自主研发或者聘请国外专业建筑设计团队又或者高价采购等方式来获取低碳技术、低碳材料，使建筑能够满足较高的减碳要求，但这也导致了高昂的建造成本。而另一部分建筑由于投入有限只能选取一些技术水平不高、更加通用的技术，以达到一定的能耗以及碳排放标准。

1. 技术基础

低碳建筑起步晚、技术基础薄弱、原始创新能力不足等是影响中国低碳建筑发展，阻碍低碳技术在建筑领域应用推广的深层次因素。技术基础和研发能力主要反映的是一个行业、一个社会整体的科技发展水平和自主创新实力，是全社会人才、资金、设备、知识、制度等要素交互复杂作用形成的对现有技术体系化、网络化综合应用以及对前瞻技术深度挖掘、瓶颈突破、支撑发展能力的一种宏观表述。

低碳技术研发基础薄弱、自主创新能力不足的问题贯穿国内低碳建筑发展的始终[60]，在建筑全生命周期的各个阶段均有体现。而导致该问题的因素有很多，例如长期受到传统建筑观念的束缚，低碳节能意识淡薄；建筑节能减碳技术起步晚，专业人才多，学科交叉培养体系尚未形成；国外技术垄断等等。同时，这个问题不仅局限于建筑领域，在工业领域、能源领域、交通领域同样也是如此，且建筑、工业、能源、交通等领域又是相互交织、相互影响的关系，使得这个问题变得更加复杂和深刻。

2. 资金保障

在资金利用层面，如何有效集资引资融资的问题始终存在于低碳技术研发创新的整个过程之中。现阶段无论是从国外引进低碳技术，还是中国政府、企业或者相关研究机构进行自主研发，都需要耗费大量资金，这就使得低碳建筑在推行过程中的成本普遍高于传统建筑。但是根据目前消费者对于低碳建筑的认知以及房价限制政策，想要通过"环保溢价"提高售价来弥补该建筑由于采取零碳、低碳技术导致的额外成本困难重重，因此政府以及第三方资金的投入对于建筑领域低碳技术的研发和推广都至关重要。然而目前中国建筑领域低碳技术开发和推广的资金保障仍面临两大问题：一是投资的资金来源不足；二是企业的融资能力不强。

从投资资金来源来看，尽管当前参与低碳建筑技术开发行业的投资主体更加广泛，国际银行金融机构、国际大型能源企业、国有大中型企业以及部分民营企业也都介入到该行业的开发之中，投资主体和资金来源正在不断趋向多元化，但是大部分投资主体投资额仍然较少，对外来资本的引资力度和方式仍然不足和单一[61]。在民间资本方面，当前参与投资的民营企业数目较少，民间金融的合法地位有待确认和稳固，大量民间资本缺乏合适的投资机会而无法有效转化成为低碳技术发展的推动力量。

从企业自身融资能力来看，由于低碳技术市场风险较大，因此国内银行放款意愿偏低，企业贷款门槛高，长期贷款（期限在15年以上）申请获批难度更大。在国际资本市场上，尽管国际贷款期限较长，一般长达20年，但目前国际金融组织，如世界银行、亚洲开发银行等，已经取消原来对中国的软贷款[62]，而且由于利用国际组织贷款的谈判过程长、管理程序繁琐等原因，导致贷款的隐形成本更高，一般业主难以接受。此外，低碳技术研发单位作为高科技企业，自身的信息披露机制并不健全，这严重影响企业的融资能力，从而使得这些企业很难获得外界的资金支持[63]。

由于外来资金无法有效利用，社会资金无法及时介入补充，同时企业或民间资金又不愿投入低碳建筑领域，导致低碳建筑项目一旦出现资金匮乏或者无法获得持续资金投入的情况就极有可能陷入停滞，从而对低碳建筑行业企业的未来发展以及低碳技术在中国的推行产生不利的影响。

3. 专业人才

建筑业作为一个劳动力密集和要素聚集的行业，上下游关联产业颇多，而专业性人才作为打破各环节要素充分流动壁垒，促进资金、技术等资源模块有效结合，衔接产业布局的关键因素，在低碳技术研发和应用过程中起到至关重要的作用。

然而，就目前的建筑实践而言，国内建筑领域低碳技术发展仍然面临着专业人才缺乏的问题，现有低碳建筑设计人员的能力有待提高。在低碳建材研发环节，由于专业人才缺乏以及高校、科研院所和企业之间缺少必要的技术交流与合作等因素，极大地影响了低碳建材的研发与研究成果的市场转化及社会面推广。在低碳建筑设计环节，一栋节能减碳效果优良的建筑应该是一系列低碳技术与自然环境的有机结合，设计人员的作用就是将各类节能减碳技术根据预期的减碳目标以及当地的自然条件开发并应用到设计的建筑中去。低碳建筑不同于传统的粗放式建造的钢筋混凝土建筑，它的设计建造要求更高，周期更长，牵涉行业更广，无论是建材的选取，还是对当地自然环境以及建筑选址全方位的勘察，抑或是低碳技术从研发到应用的过程，都需要投入大量的人力和物力。但是一方面专业技术人员的缺乏使得这部分投入的时间、人力、物力不得不被拉长和扩大，降低了建造效率，对低碳技术的开发和应用形成阻碍；另一方面由于人才缺失以及过去较长时期内地产市场供需两旺导致的相对人力不足，部分专业设计师可能会为了满足开发商对设计单位在短时间内提供图纸的要求，压缩单个项目的设计时长，导致创作雕琢设计作品时间不足，甚至出现使用现有的低碳技术或者直接套用现成的建筑案例的情况，难以真正做到因地制宜地开发和应用创新、适用的低成本节能减碳技术。

4. 产业链协作

从全产业链上下游的角度看，绿色建筑产业链可划分为建筑用产品生产产业链、建筑制造业产业链、技术服务产业链、静脉产业链四个基本产业链。具体见图5-2。

绿色建筑四大基本产业链前后相继，上下游贯通衔接。从原材料获取，建材产品生产，专业设备、部件加工制造，到建筑设计、施工、运营、维修，

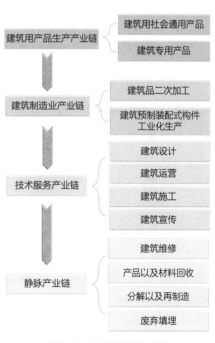

图5-2 绿色建筑产业链

再到最后报废拆除回收等各个环节中所涉及的各类行业部门相互协作、高效配合，使行业内部的人力、物力等各项资源在产业链中得到最优配置，充分发挥全产业链在资源集中和调度方面的优势，实现技术升级和产业演进。

从产业链协同的角度来看，现阶段阻碍国内低碳建筑发展的一大障碍就是产业结构分散、行业协作不足。处在技术链上游的高校院所、设计单位、科研机构作为技术研发的主力，其研究成果与企业实际需求之间缺乏有效衔接，许多技术领域或是空白或是重复开发研究，同一领域纵向技术研究不够深入。目前而言，低碳技术的研发主要集中在新技术的发明和新的节能材料的开发，而忽视了对某一低碳技术或者低碳建材的纵向研究，不能采取有效措施来降低低碳技术或者低碳建筑材料的成本，导致低碳建筑的初始投资过大，行业下游部门开发商层面的利润率降低。因此，开发商通过采用最直接的提高房价的方法来扩大利润空间，就导致目前低碳建筑价格普遍偏高，对用户范围形成一定程度的限制[64]，使得低碳建筑难以得到市场的认可，低碳技术同样也难以取得长足的发展。此外，在建筑建造和后期运营管理环节，现有的房地产行业"建管分离"模式也不利于充分调动开发商开发应用新型低碳技术的积极性。因为在该模式下，开发商只负责开发、建设和销售环节，不承担后期的物业管理，无法获得后期建筑节能产生的收益以弥补前期由于开发低碳技术、建造低碳建筑而提升的成本，因此开发商便以最大销售速度和回款为最终追求，关注于项目资金的周转率和销售情况，而建筑的节能降碳性能则被忽视。

5. 其他因素

低碳技术的发展离不开低碳建筑的普及，但是就目前低碳建筑发展现状来看，由于现阶段低碳建筑尚未形成规模效应，成本相对较高。另外，当前中国房地产市场总体上供不应求的矛盾仍然突出，卖方市场格局主导下的大部分房地产开发商更多关注短期收益，忽视建筑品质，导致低碳房地产供给动力不足、普及困难。更重要的是，低碳建筑具有公共产品的特性，在其发展过程中，市场机制难以有效发挥作用，鼓励房地产企业开发低碳地产与消费者购买低碳地产存在生产与消费的正外部性，容易出现市场失灵，影响市场对资源的配置。最后，低碳建筑的普及也需要公众足够的认知和关注，但是目前国内民众对于低碳、零碳建筑认知尚浅，接受度有待提升。例如低碳、零碳建筑出于保温节能的考虑，会对围护结构进行专门设计，限制体形系数、窗墙比，甚至不设置阳台，许多购房者可能无法接受。

5.3.3　建筑领域低碳技术发展趋势

针对目前建筑领域低碳技术层面存在的问题，从整体性、系统性发展的角度来看，仍然需要加快提升低碳技术科技水平，增强原始创新和自主研发能力，这也将是未来较长时期内建筑领域低碳技术发展的中心任务。围绕这个任务，在宏观层面需要调动全社会，特别是现阶段低碳建筑关联行业对于低碳技术的积极性，完善技术标准，加强产业合作，整合现有资源，破除不同地区、不同部门之间资源共享的壁垒，抓住人才这个关键，加强高校、科研院所与企业之间的技术交流合作以及专业人才的培养。

具体而言，从现阶段来看，未来建筑领域低碳技术发展主要集中在以下几点：

1．新型建筑形式、新型建造方式将成为未来低碳技术研发的重点

以装配式建筑、钢（木）结构建筑为代表的新型建筑形式相较于传统建筑生产方式拥有更为优异的减碳性能，将成为国内建筑节能减碳的重要实现形式，低碳钢结构建筑材料、重型工程木制品在低碳建筑中的比重将不断提升。

对于装配式建筑而言，当前中国的装配式建筑仍处于较为初级的发展水平，但整体已经过从无到有的起步阶段，正在逐步走向技术化、多元化、普及化的发展阶段[65]，未来仍有巨大的发展空间。针对现阶段存在的问题，可以预计未来装配式建筑的发展将集中在以下几个方面：一是通用构配件生产体系的专业化和社会化是未来装配式建筑工业化形式的必然发展趋势；二是新型项目管理模式、工程总承包模式在装配式建筑中的应用将更加广泛；三是随着国内信息管理与融合互联技术的提升以及建筑全产业链信息化管理与应用的不断推进，以计算机辅助工程（Computer Aided Engineering，CAE）和建筑信息模型（BIM）为代表的现代信息化技术将成为装配式建筑高效处理和衔接咨询、规划、设计、建造和管理等环节的信息交互平台。

对于木结构建筑而言，由于木材优于混凝土的热工性能，更加适合应用于建造超低能耗、近零能耗建筑，在探索和大规模推广近零能耗建筑的过程中，木构建筑将有广泛的发展空间。近年来在欧洲和世界范围内，较大规模的木结构建筑正在不断落成和建设之中，其中著名的有：瑞士斯沃琪公司新总部、挪威SR银行总部大楼、美国斯波坎市零能耗办公楼和波士顿五层重木结构大楼等等。常见的木结构建筑主要有多层和高层木结构建筑两种。多层木结构建筑主要应用于办公、酒店、学校、展馆等公共建筑和居住建筑，对建筑的荷载和防火要求较低，

可以采用纯木结构或者混合木结构形式建造；高层木结构建筑主要应用于建筑高度大于24m的建筑，对于防火和结构安全性的要求较高，建筑核心筒用钢筋混凝土建造。随着中国建筑领域节能减碳压力的剧增以及中国天然木材的储量和进口量的增加，未来十年内木结构建筑设计规范将会持续更新，多层木结构建筑将在森林康养、乡村振兴、城市更新中发挥巨大潜力[66]。

对于钢结构建筑而言，由于钢结构作为延性材料相对于传统钢筋混凝土结构建筑而言具有自重轻（重量仅为混凝土的50%~60%）、抗震性能好、基础造价低、材料可回收可再生、节能、省地以及节水等优点[67]。在碳排放方面，传统的混凝土结构住宅的建筑材料碳排放量为每平方米7.41t，而钢结构住宅每平方米建筑的钢材使用量为0.1~0.12t，产生的CO_2排放量约为每平方米0.48t[68]。而且钢结构住宅的拆除也较混凝土结构住宅更为简便，大量材料可以循环再利用，特别是通过对老旧钢结构建筑拆除、改建的钢材回收再回炉可以实现明显的减碳效果：按照现行高炉工艺标准，采用铁矿石炼钢的CO_2排放，1t粗钢的碳排放量为1.7~1.8t；若使用回收废钢回炉，则每吨粗钢的碳排放量仅为0.7~0.8t，且生产流程、工艺链条大大缩短[69]。就目前国内钢结构应用现状来看，钢结构建筑在中国建筑行业中尚未得到广泛普及，是未来建筑减碳的重要方向[70]。

2. 低碳技术与人工智能相结合将成为未来建筑向数字化、智能化、低碳化转型的关键

碳中和作为系统工程，其目标的达成需要低碳技术的支撑，同时当今世界又正值第四次工业革命浪潮兴起，总趋势是智能化，最突出的一个焦点就是人工智能，因此低碳技术与人工智能相结合是一种必然。现如今，建筑行业正经历数字化的变革，智能建造也开始在行业内风靡，传统的建筑行业已经逐渐被倒逼在安全、质量、进度等环节融入去碳化、数字化技术，将低碳技术与人工智能相结合，完成低碳、零碳建筑数字化、智能化的转型升级。这一点尤其体现在建筑的运营管理阶段，以部分低碳、零碳建筑采用的智能化楼宇控制系统为典型。通过智能化楼宇控制系统实现建筑楼宇智能化转型既是节能提效的重要手段也是建筑节能改造过程中的关键环节，通过打造自动化的节能系统从而使建筑达到降碳效果。国内建筑智能化市场起步较晚，然而中国楼宇智能化行业市场规模近年来保持稳定的增长态势，而且未来一段时间内仍将处于快速发展阶段，预计到2025年，中国智能楼宇市场容量将突破万亿规模[71]。

从更加长远的角度看，建筑低碳化与智能化的深度融合将进一步体现在智慧运维系统与运行调适技术的推广上。随着智能化、信息化技术的发展，建筑内设

备系统将逐步走向全面智能化时代。先进的建筑技术和高效的设备系统都更加需要准确的运行管理和维护来达到节能效果。5G技术、Wi-Fi定位、图像识别、RTSP视频传输、BIM移动智能终端等技术将为建筑节能调节系统提供更加精准的人员需求信息与设备运行数据，是现代建筑设施管理信息化的重要技术手段，云端数据、调控系统、末端设备以及人员定位系统的相互配合将提升建筑智能调节系统的效率与准确性。"十三五"期间，中国在低碳建筑运营管理技术、BIM智慧调控技术等领域已经取得一定成果，在"十四五"规划中又着重强调发展基于建筑物联网、大数据、BIM平台、人工智能的调适技术，并将其列为中国建筑运维控制领域发展的重点。由此可见，建设并推进兼顾用户需求实时反馈功能和末端差异化服务技术的建筑智能调控系统是未来建筑能效提升的重要方向。

3．推动低碳建材向新形态转变，提升废旧建材、再生循环材料利用率将成为未来低碳技术发展的焦点

在低碳建材研发和应用方面，结合国外低碳建材技术的发展动态以及国内的实际情况，可以预计，中国低碳建材在未来一段时间内将呈现出以下几个方面的发展趋势：一是资源节约力度加大，城市建筑垃圾、生活垃圾以及工业固体废弃物等将通过现代高科技得到再生产和再利用，旧建材、再生材料或者就地选用建材也将成为国内建筑领域实现节能减碳目标的有效方式。二是能源利用效率提高，在生产过程中提高能源利用效率或者就地选取建材以减少运输过程中的成本支出和能源消耗，从而在源头上降低建筑物的总能源消耗，同时节能型材料在成本减支方面的优势也使其未来在中国市场上拥有较大的潜力。三是材料空间功能优化，高科技的空间设计材料能够迎合人们对生活质量与细节的追求，未来发展前景广阔，将被建筑企业运用到建筑中通过营造舒适、宜居的工作生活环境以满足未来国内消费者不断提高的对空间舒适度的要求。四是环保健康特性凸显，随着消费者对于生活环境质量和居住品质要求的提高，建材的健康环保属性将被赋予更多重视，无毒害、无污染、无放射性的低碳环保建材将在住宅与公共建筑中成为首选，这些材料的市场份额也将会不断提升，并在人类生活环境中发挥重要作用。

4．强化行业联动、组建产业联盟将成为未来低碳技术发展的有力助推

参照在能源、工业、交通等领域国内外新兴的一系列低碳技术联盟，例如全球低碳冶金创新联盟、绿色制造技术创新联盟以及绿色制造技术标准联盟等等，组建国内建筑领域低碳技术联盟已经成为低碳技术发展的客观需要。通过建立统

一、完整的低碳建筑联盟，将低碳相关的建筑企业、科研院所、设计单位以及社会面的其他行业部门全部纳入联盟内，形成完整的建筑领域低碳技术体系，这对于国内建筑行业低碳技术的发展将产生巨大的推动作用。

综上所述，采用全新建筑技术，不断降低建筑能耗，加强行业协同，是未来国内建筑领域实现"双碳"目标的必要举措。但是中国国土辽阔，不同气候区、不同建筑类型、不同地域可再生能源资源禀赋存在明显差异，这导致不同地区节能低碳建筑的发展要求以及技术路径也有所差异，因此中国建筑领域低碳发展仍需整合多方资源，协同提升。

5.4 基于低碳技术成熟度发展的"多阶段—多层级"建筑领域梯度减碳路径

通过对中国建筑领域低碳技术创新发展现状及主要障碍的研究分析，提出构建基于低碳技术成熟度发展的"多阶段—多层级"梯度减碳路径，如表5-6所示。在原有相关技术的基础上，推进中国建筑领域低碳技术体系实现从研发及成果转化，到技术落地采纳应用，再到普及推广的发展策略。

基于低碳技术成熟度发展的"多阶段—多层级"

建筑领域梯度减碳路径　　　　　　　　　　表5-6

多层级		多阶段	
技术萌芽	鼓励技术创新，推动关键技术突破	短期	侧重技术创新的实施与推动
技术成长	推进技术深化与应用	中期	侧重技术成果的形成、质量与应用前景
技术成熟	激励技术应用成效提高和普及推广	远期	侧重技术成果产生的经济效益、社会效益和环境效益

5.4.1 推动关键核心技术突破

根据建筑物本体的形成和运行过程，可将建筑领域关键低碳技术划分为建筑本体节能技术、建筑设备及用能系统以及建筑智慧运维管理三种类型[72]，表5-7展示了从以上三个方面探寻推动建筑领域核心低碳技术突破的实现路径。

建筑领域关键低碳技术发展路径　　　　表5-7

低碳技术	近期	中期	远期
建筑本体节能技术	提高建筑绿色设计质量；发展推广绿色建材、绿色施工技术	推进围护结构节能技术发展；研发新型保温隔热材料；发展零能耗建筑技术，优化围护结构性能	新型绿色建材普及应用；促进零碳建筑、产能建筑；建立城市能效中心
建筑设备及用能系统	推进LED智能照明系统应用；研究发展高效末端设备控制装置及系统；推广复合能源供能系统，加速相关技术发展	研发高效技术与设备，提高关键运行系统能效；促进建筑设备系统智慧化；提升可再生能源应用比例	控制相关设备成本，促进高效设备技术广泛应用；推广智能控制系统；发展成熟的高效用能体系
建筑智慧运维管理	充分结合相关技术发展智慧化运维控制，促进建筑智能发展；完善建筑能耗管理制度；大力发展绿色金融，推进试点工作开展	提升智慧运维控制效率；推广新型高效能源管理体系；探索建筑能耗动态管理；建立健全碳定额、碳交易等相关管理机制和考核体系	加速普及智能管理系统，研发新型智慧化运维系统；适时调整碳排放管理机制、碳交易体系，促进相关管理制度完善发展；建筑部门绿色金融体系日趋成熟

　　进一步地，表5-8将对相关发展策略进行减碳效果、实现困难度及成效凸显期等指标评估，为建筑领域技术减碳提供选择方案。

建筑领域技术体系发展策略选择及指标评估　　　　表5-8

时期	实现路径	效果显著性	实施困难度	成效凸显期	成本支出	策略选择
近期	• 发展绿色建材、绿色施工技术；推广复合能源供能系统	非常显著	较困难	长期	较高	核心策略
	• 提高建筑绿色设计质量；推进LED智能照明系统应用	非常显著	较容易	短期	较低	先行策略
	• 结合相关技术发展智慧运维控制	较显著	较困难	较长期	较高	并行策略
	• 完善建筑能耗管理制度，推进绿色金融试点	较显著	较困难	长期	较高	前瞻策略
中期	• 推进发展围护结构节能技术、零能耗建筑技术；研发高效技术设备，建筑设备系统智慧化	非常显著	较困难	长期	较高	核心策略
	• 提升智慧运维控制效率，推广建筑智能管理系统	较显著	较容易	较长期	较低	并行策略
	• 推广新型高效能源管理体系，完善碳定额碳交易机制	较显著	较困难	长期	较高	全局策略

续表

时期	实现路径	效果显著性	实施困难度	成效凸显期	成本支出	策略选择
远期	• 控制相关成本，普及绿色建材、高效设备及零碳建筑技术等；加速普及智能管理系统；建筑能耗动态管理	非常显著	较容易	较长期	较低	巩固策略
	• 发展成熟的高效用能体系；研发新型智慧化运维系统；建筑部门绿色金融体系成熟	较显著	较困难	长期	较高	前瞻策略

1. 发展建筑本体节能技术

近期，重点提高建筑绿色设计质量。在设计阶段重视建筑布局、朝向的优化，以实现自然资源的最佳利用。同时，积极研究绿色高效的建材产品，如外围护高保温材料、高效能设备，发展绿色施工技术，如装配式建筑，从而提升建筑整体绿色品质。

中期，推进围护结构节能技术发展。一方面研发新型保温隔热材料，提升如再生混凝土、发泡玻璃等绿色建材的使用率，进一步提高围护结构的热工性能。另一方面优化建筑围护结构性能，推广如太阳能光伏屋面、真空窗、外围炉热桥处理技术等零能耗、产能建筑技术，充分利用可再生能源，从建筑"节能"走向建筑"产能"。

远期，推广零碳建筑。在前期对于产能建筑的研究基础上，推动新型绿色建材更大范围地应用，逐步向建筑产能方向转型。促进零碳建筑、零碳建筑改造项目越来越多地落地，结合运用物联网、大数据等技术，将城市建筑通过能效管理监测系统进行连接，进而提升建筑能耗水平。

2. 优化建筑设备及用能系统

近期，快速普及LED灯具照明，同时推进LED智能控制系统（群控、人感、照度等）的应用，实现自然采光的增加及人工照明的减少。推动末端设备控制装置及系统的研究发展，为调节建筑能源供需奠定基础。推广复合能源供能系统，利用太阳能、地热能、风能、天然气等多种能源形式实现建筑冷热电的联合供应，同步推进浅层地热能、空气热能建筑建设，加速光储直柔、太阳能光伏一体化等相关技术发展。

中期，一方面通过发展变频水泵、磁悬浮制冷机等高效技术与设备，降低空调机组成本，实现建筑重点耗能系统的高效运行。另外，促进建筑设备系统智慧化，推动智能控制技术、人体感应技术、图像识别技术、Wi-Fi技术等技术与关键设备及调控系统的结合，实现建筑高效节能的目标。在此阶段，持续提升可再生能源如太阳能、风能、地热能在建筑应用中的比例。

远期，在保证建筑设备高效运行的同时，逐步控制相关成本，从而促进高效关键设备与技术广泛应用。发展成熟的高效用能体系，如光储直柔技术等。进一步推广智能控制系统在建筑中的应用，通过高效设备技术以及智能控制的应用，实现智慧、便利的生活状态，同时也使建筑的能耗水平降到最低。

3. 推广智慧化运维管理

近期，首先积极拓宽相关技术的应用。利用物联网、BIM系统等技术实现智慧化运维系统，提升建筑调节控制效率，推动建筑智能化转变，进一步促进智能建造与建筑工业化协同发展[5]。同时，完善建筑能耗定额管理制度，建立建筑能耗统一管理平台，健全建筑能耗计算的各项指标以及数据管理工作，形成完整的运维管理流程体系。最后，大力发展绿色金融，采用城市试点、建筑试点的方式逐步推广，推进有关政策逐渐成熟。

中期，一方面，提高建筑智能运维控制系统的品质，同时逐步扩大建筑智能管理系统的应用范围；另一方面，大力推广新型高效能源管理体系，根据前期已经基本完成的数据积累，以及能耗定额管理的初步经验，对不同建筑类型、不同区域的建筑逐步探索实行建筑能耗动态管理，并建立健全相关管理机制和考核体系，如碳定额、碳交易管理等，逐步在全国普及推行，实现对建筑能耗的总量控制和对碳排放的约束。

远期，将加速普及BIM等建筑管理系统，积极开展新型智能运维控制系统的研发。同时，根据能源供应发展状况以及不同的建筑需求，适时地对碳排放管理机制进行调整，从而在满足日益增加的各类需求的前提下，进一步推进碳排放降低。与此同时，积极发展更加成熟的合同能源管理方式，推进建筑部门的绿色金融体系逐步完善。而随着碳交易在建筑行业中的发展，使得建筑碳排放达到较低水平，因此相应的碳排放管理机制也应进入一个新的阶段。

5.4.2　加大技术发展资金支持

1. 创新政府扶持政策

建筑领域实现"双碳"目标离不开先进技术的支撑，而技术发展则需要充足的资金保障。因此，政府需要创新对建筑低碳技术研发主体的财政支持，各级政府及相关单位因地制宜出台相关产业发展扶持政策，设置专项资金鼓励推动绿色建筑技术的研究应用；通过财政补贴、税收优惠、政府绿色采购等多种形式投入研究资金；探索低碳技术奖励政策的实施方法；创新政策激励目标，如补贴绿色建筑终端消费者，以市场需求驱动技术发展。

2. 拓宽企业融资渠道

首先，有关政府机构应积极拓宽绿色低碳科技企业的融资渠道，一是鼓励各类风险投资支持企业、天使轮投资企业等进入低碳科技研发领域，通过给予相应税收优惠等方式引导创投企业关注绿色建筑技术创新项目。二是利用好重大科技成果产业化专题债、科技创新再贷款等工具，发挥金融机构的积极作用。三是逐步建立技术研发企业信息平台，共享有关企业的工商、知识产权、税务等信息，畅通投资方与科创企业的信息共享机制，从而有效发挥市场化作用。

同时，政府部门积极出台相关政策促进绿色金融体系的发展健全。目前，绿色低碳技术研发项目在申请金融机构资金支持过程中，通常存在成本收益评估难、项目融资担保不足以及项目规模较小等问题，建议有关部门进一步推出相关扶持政策激发利益相关方投资积极性，为相关绿色低碳企业增信授信，加大对建筑零碳节能技术的了解程度，设计有针对性的市场化融资模式，形成金融和财税综合支持机制，满足各类建筑节能低碳创新项目的资金需求。此外，各投资主体及金融机构也应不断创新投资模式、推广ESG等新型投资理念、发展新型绿色金融产品等，推动社会资金广泛参与建筑领域低碳技术的发展。

低碳企业也应把握各类融资机会，推进融资方式和渠道多元化发展。对于起步阶段的中小微低碳企业，在天使轮融资等传统融资方式之外，也可以积极探索开发性金融机构投资，以及企业创新积分贷等新型科技金融产品。而随着企业的发展和绿色金融体系的逐步完善，绿色债券、绿色贷款、绿色保险等金融产品逐渐成熟，低碳技术发展企业则可以通过商业银行信贷资金、资本市场债券股票融资以及企业兼并重组资金等方式进行融资发展。

5.4.3 构建专业人才培养体系

1. 深入发展"产学研"技术研发体系

在建筑减排相关技术研究或绿色产品开发阶段，企业可以与科研院所、知名高校开展"产学研"合作，从而更高效地攻克技术难关，补齐技术短板，协同发展成熟的技术创新体系。支持建筑领域低碳企业与行业协会、高校、科研院所等相关主体联合建立一批新型科研机构及创新平台，探索发展先进绿色低碳技术，并不断推动科技研究成果与实际发展接轨，促进各类绿色低碳技术产品落地普及。除此之外，鼓励各高校逐步建立有关节能减排产业的研究中心，与相关合作企业共建实践基地，加大基础研究力度，深耕绿色发展领域，构建技术创新型人才培养体系，推动低碳技术纵深发展。

2. 提升从业人员能力

建筑领域绿色发展需要整个行业的从业人员都遵循绿色、低碳的理念，理解并掌握相应技术[6]。从建筑材料及低碳技术的研发，到建筑设计、施工以及建筑的运行阶段，都应在理解绿色、低碳的根本理念后再进一步创新发展，从而实现整个建筑建造运行的节能降碳，推动建筑领域"双碳"目标的达成。短期，建筑企业主体可以通过培训等形式，有效提升从业人员的能力，主要包括设计人员的绿色设计能力、一线工人施工能力以及运维管理能力，而长期来看，则需要各高校、职业培训学校等建立更加成熟完善的专业人才培养机制。

（1）设计人员培养

高品质的建筑设计方案，不仅能使建筑的节能潜力最大化，而且能够节省项目投资建造及后期管理成本。因此，一方面可以对现有各个设计专业的人才进行进一步职业培训、授课、讲座等，培养建筑设计人员绿色、低碳的设计理念，同时具备相应专业知识与能力，在建筑设计阶段综合考量，在保证建筑使用方便、居住舒适、节能环保的前提下，选择最适合的设备材料、各类系统、建筑建造方式以及后期最高效的运营模式，使各类资源要素最优化组合利用。另一方面，依托高校及高职院校等教育资源，逐步对绿色建筑设计专业人才的培养进行探索与实践，在此基础上，形成一批具有审美、造型、设计和工程技术水平的综合性绿色建筑设计人才。

（2）施工人员培养

绿色建筑的建造与传统建筑存在一定的差别，在建造施工过程中，如何理解并真正落实设计人员的设计方案和建造要求，是施工阶段的一大挑战。通过开展自上而下的建筑技能培训，提升施工管理人员及一线施工人员专业能力，使其理解绿色节能的建造理念、熟悉绿色建材、掌握新设备及新系统等建筑节能技术、了解绿色建筑评价体系，同时培养其绿色建筑施工工艺、工程材料检测、组织管理能力、招标投标及合同管理等专业技能，塑造高素质施工人才。

（3）运维管理人员培养

建筑运行阶段占据其全生命周期最长的一部分，这一阶段的管理工作也是绿色建筑的重点任务。超低能耗建筑及绿色建筑的运维管理不同于传统建筑的运行维护，除了空间管理、设备管理及安防管理等基础工作，还涉及更多的绿色专业技术、设备、材料及系统的应用维护等。对于绿色建筑运维管理人才的培养，企业主体可以通过培养综合型管理人才自主运营。同时，逐步发展第三方建筑运营服务公司，形成具备优质专业能力的绿色建筑管理团队，高质量完成绿色建筑的设备运行管理、能源管理、能耗监测及计量、设备调试及故障诊断等运维任务。

5.4.4　完善关键技术标准体系

目前中国的绿色建筑低碳技术标准体系的编制逻辑为分场景分类型的整体评价，但对于技术专业层面的衡量并不完整，其主要原因一方面是中国低碳技术起步晚、基础弱；另一方面是对于碳排放及"低碳"的核算依据尚未明确，因此为推动节能低碳技术健康发展与普及应用，亟须完善健全绿色建筑技术标准体系。首先，加快对建筑节能设计标准的修订，提高标准设定；扩大建筑管理范围，制订相应的节能设计与改造技术标准。其次，针对建筑运行阶段的节能效果评价以及节能技术调试研究制定更多指导标准，以顺利开展对建筑运行能耗与碳排放监测数据的采集、计量、核查等。其三，可以深入探索如智能照明系统、通风空调、超低能耗综合技术等多个低碳技术领域和综合技术领域的技术标准设定，优化完善建筑节能技术标准体系[18]。最后，技术标准体系的制定和发展也需要与国际标准接轨，借鉴国外成功经验的同时对中国绿色建筑发展程度作出客观真实的评价。

5.4.5　建立技术推广服务平台

随着绿色建筑低碳技术的发展成熟，以政府部门为主导，联合科研院所、行业协会、低碳建筑企业等多元主体，逐步建立行业性/全国性低碳节能技术推广服务平台[8]。政府及相关部门应强化其公共服务和宏观管理的角色，提高管理水平，统一布局规划，引导企业、科研院所和中介服务机构等进行资源整合，发挥企业在绿色建造技术创新、转化、应用方面的主体地位，借助节能技术推广服务平台形成良好的协同创新机制。相关中介机构依托其专业知识和技能，充分发挥知识桥梁作用，与各创新主体及市场建立紧密联系，为低碳建筑技术产品推广应用提供支撑性服务，如信息服务、风险投资、法律咨询、保险管理、质量控制等，推动知识共享和技术落地。在低碳技术及产品研发阶段，技术服务平台为相关企业提供低碳领域的关键共性技术、研发所需设备仪器等；在技术应用阶段，通过发放资料、现场指导等形式，为相关建筑企业提供低碳技术问题的解决方案及培训服务等，促进绿色建筑技术的转化和应用。依托该平台推广先进的绿色建造技术，打通数据信息共享渠道，促进节能低碳技术更大范围地应用和落地，并在实践中不断升级和完善，从而推动建筑领域绿色技术持续发展进步。

第 **6** 章
建筑领域碳交易推动路径

6.1 碳交易市场发展现状

随着对气候变化问题的深入探讨，人们逐渐意识到温室气体的排放可以作为一种权利在市场中交易，其主要目的是在不同企业减排成本不同的前提下，鼓励成本更低的企业超额减排，并将剩余减排配额通过市场交易的方式向减排成本较高的企业出售，以获得收益，同时使减排成本较高的企业完成其减排目标。本部分内容将就国内外碳交易市场发展现状、运行机制进行阐述。

6.1.1 碳交易市场关键要素

从全球与中国碳交易市场的发展历史（图6-1）来看，全球碳交易市场正式开始于1997年通过的《京都协定书》，2015年《巴黎协定》后，全球碳交易市场趋于分散化、碎片化，双边协议逐渐成为各国减排新方式。相比之下，中国碳交易市场起步较晚，2011年才逐渐开启交易试点工作，但是在2021年随着国家级碳交易市场在全球各地的涌现，中国的国家级碳交易市场也在此时建立，并快速跃升为控排规模最大的碳交易市场。

碳交易市场具体可以划分为碳配额市场与自愿减排市场，前者以碳配额为主要交易标的，而后者以碳信用为主要交易标的，两种标的类型对比见表6-1。

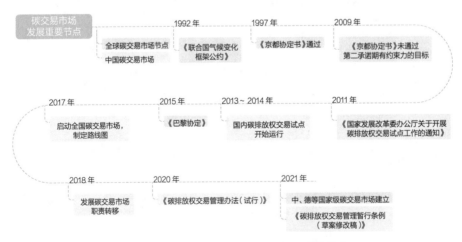

图6-1 全球与中国碳交易市场发展重要节点

（资料来源：市场公开资料整理）

碳配额和碳信用对比　　　　表6-1

类型	碳配额	碳信用
包含权利	可排放的温室气体量	减少的排放量
产生方式	政府发放给企业（有偿或无偿），且配额数量事先确定	事后产生，减排行为实际发生后，经过专业机构核证后确认
交易目的	满足企业低成本履约的需要	满足企业社会责任的要求
交易系统	碳排放权交易市场	碳排放权交易市场、自愿减排市场

资料来源：英大证券研究所。

自愿减排市场主要通过设立自愿减排项目发挥作用。国际自愿减排市场设立了众多自愿减排项目，包括生物碳登记（BioCarbon Registry，BCR）、国际碳登记（International Carbon Registry，ICR）、日本碳信用机制（J-Credit Scheme）、社会碳标准（Social Carbon Standard，SC）和森林碳合作伙伴基金（The Forest Carbon Partnership Facility，FCPF）等，2021年全球自愿减排市场共产生碳信用额4.78亿美元，增长48%，逐渐成为各国未来重点关注的减排交易方式，但是根据目前可获得的信息来看，仅有国际碳登记项目覆盖建筑领域（表6-2）。中国自愿减排市场于2012年开始启动CCER项目，由于实施过程中自愿减排量小等，在2017年暂停，至今仍未重启。

国际主要自愿减排项目　　　　表6-2

项目名称	覆盖行业	签发项目数	签发减排量
生物碳登记	REDD+活动、温室气体移除活动、能源、交通、废弃物处理和处置	25	325万t CO_2当量
国际碳登记	能源、制造业、化学制造业、建筑、交通、采矿和煤矿生产、金属制造、燃料飞逸性排放、碳氢化合物和六氟化硫飞逸性排放、溶剂使用、废弃物处理和处置、造林和再造林、农业、碳捕获封存和移除	8	273711t CO_2当量
日本碳信用机制	节能、可再生能源、制造过程、废弃物、农业、森林碳沉降	399	610000t CO_2当量
森林碳合作伙伴基金	森林相关项目	15	无

资料来源：市场公开资料整理。

通过横向比较，各国碳交易市场在法律基础、交易标的和覆盖范围三个方面的特征有所区别。具体对比见表6-3。可以发现：①除英国外，其他主要国家碳交易市场均为强制性市场；②所有列举的国家都以配额为主要交易标的；③交易范围随着国家的政策安排而有所区别，与碳交易市场建立时间的早晚并无明显关系。

关于碳配额的分配方法，目前全球碳交易市场主要应用的是祖父法、基准法和历史法等，中国碳交易市场中建筑领域的碳配额分配方法主要涉及以下3种：①基准线法。在湖北省又称为标杆法，指按照某一行业的代表生产水平确定排放量，同时考虑到技术水平、减排潜力、行业转型要求等，最终确定配额分配。目前水泥行业主要运用基准线法进行分配，例如湖北省水泥企业的标杆值采用湖北省2019年位于第40%位水泥企业的单位熟料碳排放量，即0.7784t CO_2/t 熟料。②历史排放法。根据一定的历史年度排放额分配固定数量配额。目前上海在建筑行业、广东在水泥行业的矿山开采中采用了此方法。③历史强度法。介于基准线法和历史强度法之间，同时考虑到行业排放数据以及历史强度值。建材和建筑行业更多地运用到此种方法，例如深圳的建筑行业和天津的建材行业。

6.1.2 碳配额交易现状

国际主要碳配额市场交易如表6-4所示。

由表6-4可知，不论国际还是国内碳交易市场均以碳配额市场为主，除美国区域温室气体减排行动外，其他碳配额市场的配额价格均为17~45美元，而且均覆盖多个行业，其中电力行业为广泛覆盖的行业，覆盖建筑领域的碳配额市场主要包括新西兰排放交易体系、韩国碳市场、加利福尼亚州和魁北克省。

从中国的具体实践来看，自2013年建立碳交易试点以来，中国各试点每年的成交量及成交均价如图6-2所示。从图中可以看出，早期建立的几大试点成交量均处于较低水平，成交价格也处于高位，例如深圳、北京、广东，最初的成交价格均超过了50元/t，其中深圳的价格甚至达到了70元/t。2013—2017年是除福建外其他七个试点交易价格波动下降的阶段，此时配额的成交量逐渐上升。2017年以后，各试点虽交易量略有下降，但是成交价格基本保持稳定增长，至2022年，北京交易所的成交价格已经超过90元/t，广东交易所的成交价格接近80元/t，其他试点交易价格为20~60元/t。

中国碳交易市场与全球碳配额市场在涉及行业方面内容相差不大，目前8个碳交易试点均覆盖建筑领域，但仅仅包括水泥、建材生产以及建筑运行管理的少量企业，大部分建筑领域企业还没有纳入碳交易市场（表6-5）。

表6-3

		覆盖范围	
		国性/跨国性	地区性
澳大利亚新南威尔士温室气体减排体系（NSW GGAS）	2003—2012年		√
欧盟排放交易体系（EU ETS）	2005年—	√	
新西兰碳排放交易体系（NZ ETS）	2008年—	√	
美国区域温室气体减排行动（RGGI）	2009年—		√
日本东京都总量控制与交易体系（TMG）	2010年—		√
美国加州总量控制与交易体系	2012年—		√
加拿大魁北克省排放交易体系	2013年—		√

续表

碳交易市场	运行时间	法律基础		交易标的		覆盖范围		
		强制性	自愿性	配额	信用	全国性/跨国性	地区性
中国的北京、天津、上海、重庆、湖北、广东、深圳七个试点	2013年—	√		√			√
澳大利亚碳排放交易体系	2014年—	√		√		√	
韩国碳排放交易体系	2015年—	√		√		√	

表6-4

国际主要碳配额市场交易

碳配额市场		运行时间	特点	配额分配方法	项目收益（亿美元）	配额价格（美元）	拍卖比例	覆盖排放	覆盖行业
配额市场	欧盟碳市场（EU-ETS）	2005年	全球首个主要的碳排放权交易系统	祖父法、基准法、拍卖分配	218	28.28	57%	40%	电力、工业、国内航空
	美国区域温室气体减排行动	2003年	美国首个强制性的、基于市场的区域温室气体减排计划	祖父法、各州自行分配	4.16	7.06	100%	10%	发电单一行业
	新西兰排放交易体系	2001年	"不封顶政策"	基准法		45.26		51%	农业、林业、电力热力生产、建筑、石油加工业、有色金属冶炼和压延加工业、废弃物处理、航空运输业等九大行业
	瑞士碳市场	2008年	自2001年1月起与欧盟ETS建立联系	基准法	1.99	27.62	3%	74%	电力、工业、国内航空
	韩国碳市场	2015年	东亚地区第一个碳交易市场	历史法、基准法	1.99	27.62	3%	74%	电力、工业、国内航空、建筑、废弃物
	加利福尼亚州	2012年	美国最广泛的碳定价体系		17	17.04	32%	75%	电力、工业、建筑、交通
	魁北克省	2013年	实施价格走廊政策，执行最低和最高限价政策		5.14	17.04	67%	80%~85%	电力、工业、交通（不包括海事和航空公司）、建筑

资料来源：公开资料整理。

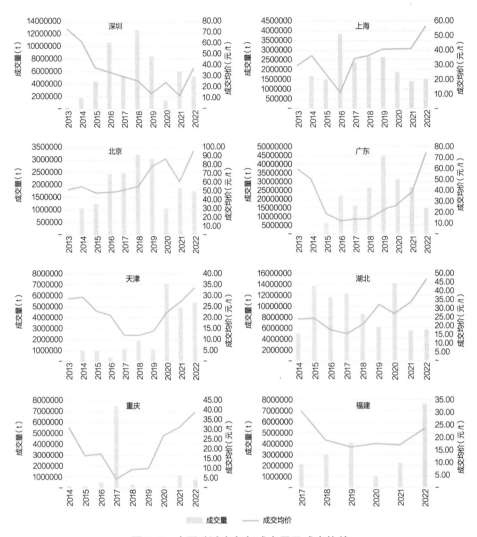

图6-2　中国碳试点各年成交量及成交均价

中国碳交易市场　　　　　　　　　　　　　　　　　表6-5

名称	成立时间	配额分配方法	覆盖行业
北京环境交易所	2008.8	基准线法、历史总量法	能源、水泥、石化、服务业、建材生产、建筑运行管理等
天津排放权交易中心	2008.8	历史法、基准线法	钢铁、化工、电力热力、石化、油气开采、建材生产等
上海环境能源交易所	2008.7	电力、航空行业采用基准线法，其他行业采用历史法	钢铁、化工、有色、电力、纺织、造纸、建材生产、建筑运行管理等

名称	成立时间	配额分配方法	覆盖行业
深圳排放权交易所	2010.8	历史强度法	电力、水务、制造业、建材生产等
广州碳排放权交易所	2013.12	电力、水泥行业采用基准线法，石化、钢铁行业采用历史法	电力、水泥、钢铁、陶瓷、石化、纺织、有色、塑料、造纸、建材生产等
湖北碳排放权交易中心	2012.9	标杆法	建材、化工、电力、冶金、石油、汽车、医药、造纸等
重庆碳排放权交易中心	2014.6	基准线法	建材生产等
福建碳排放权交易中心	2016.12	行业基准法	电力、石化、化工、建材、钢铁、有色金属、造纸、航空和陶瓷

资料来源:《深圳市2021年度碳排放配额分配方案》《广东省发布2021年度碳排放配额分配实施方案》《上海市2021年碳排放配额分配方案》《北京二氧化碳排放交易体系配额分配方法》《天津市碳排放权交易试点工作实施方案》《湖北省2020年度碳排放权配额分配方案》《重庆市碳排放配额管理细则（征求意见稿）》《福建省2020年度碳排放配额分配实施方案》。

另外，由于重庆市于2020年已将水泥行业列入碳排放单位名单，但是2022年8月29日～9月28日才处于碳配额分配方法的征求意见阶段，因此目前暂时仅有对整个行业的分配方法（行业基准线法、历史强度下降法、历史总量下降法），但没有明确水泥行业适用的分配方法。

6.2　建筑领域碳交易机制的减碳机理

本部分将从碳交易的作用机制、约束效应和激励效应三个方面对碳交易减排机理进行分析。

6.2.1　碳交易的作用机制

在碳市场运行机制发挥作用的过程中，主要的参与主体有政府、交易所、第三方机构、控排企业和个人五大类。其中，政府包括中央政府、试点地方政府和非试点地方政府；交易所包括试点交易平台和全国交易平台；第三方机构主要包括投资机构、咨询服务机构和量化核查（MRV）机构；控排企业分为纳入全国碳排放权交易体系的企业和纳入试点区域但未被纳入全国的企业；个人有双重身份，即作为投资者的个人和作为社会公众的个人。碳交易机制主要通过对官员的政绩考核、对企业的碳排放硬约束、企业追求履约成本最小化和碳资产收益最大化、投资者分享企业碳减排收益的激励、监管惩处和支撑服务等共同起作用，具体如图6-3所示。

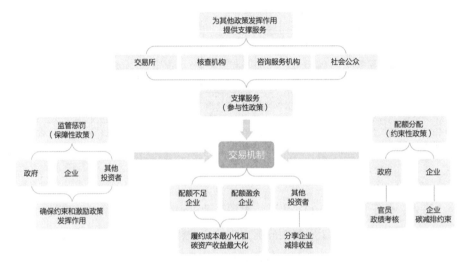

图6-3 碳交易机制作用原理

从图6-3可以看出，在整个碳交易机制作用的过程中除了交易机制本身以外，监管惩处、支撑服务和稳定机制等也对交易机制的正常运作发挥着重要作用。这是因为：第一，为保障约束性政策和激励性政策发挥作用，需要相应的监管惩处等保障性政策作为支撑；第二，为确保碳市场的正常运转，需要交易所、核查机构、咨询服务机构和社会公众等主体共同参与，即需要相应的参与性政策提供保障；第三，在碳交易市场初期，配额发放方式、价格稳定机制和抵消机制等工具和手段将更有利于碳交易市场运行机制发挥作用。

与其他重点控排单位一样，目前上述建筑领域企业参与碳排放权交易的流程也包括注册开户、核算核查、配额分配、市场交易、履约清缴五个环节。其中核算核查和配额分配两个环节，国内各试点地区主要是通过制定不同行业的方案和标准来分行业执行（图6-4）。

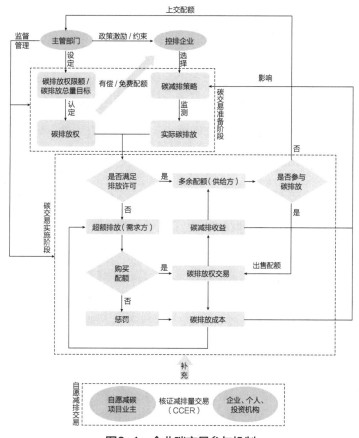

图6-4 企业碳交易参与机制

6.2.2 碳交易的约束效应

碳交易机制对企业碳排放形成的约束效应主要通过限定排放总量进而作用于地方政府和控排企业来实现。地方政府在计算并汇总本省控排企业排放量后上报国家环保部门，国家环保部门根据全年碳排放规划和实际经济发展状况审核批准全国和各省交易体系配额总量，最后由省生态环境厅将配额发放至企业账户。其中，国家主管部门下达给地方的减排目标产生了基于官员政绩考核的约束，地方政府对属地企业配额总量的控制形成了基于企业生产经营的碳约束。因此，约束效应主要可以分为两个层面：

一是国家与地方层面。国家节能减排规划决定地方节能减排规划，地方节能减排目标必须在配额分配总量范围内执行。中央对地方政府节能减排目标完成度的考核会产生减少碳排放的约束性政策效果。

二是地方与控排企业层面。被纳入管控的企业在进行生产经营时会考虑其实际碳排放量和政府实际发放配额量之间的数量关系，即由配额分配产生了企业被强制参与碳减排的约束性政策效果。

控排企业在应对碳减排硬约束时，需要重点考虑的三个关键要素是实际碳排放量（AEQ）、政府预分配配额数量（PQQ）和实际发放配额数量（AQQ），三者的数量关系决定了企业碳账户的盈缺情况。当$AEQ>AQQ$时，企业需要购买配额或者CCER，以补足其短缺部分完成履约；当$AEQ<AQQ$时，企业可以选择出售其账户盈余配额获利或储存用于后续年份履约。当然，企业也可以通过内部减排减少实际碳排放量，以期达到配额平衡和盈余的目标。

6.2.3 碳交易的激励效应

碳交易机制的激励效应主要体现在允许控排企业或者其他机构通过出售多余配额或者CCER获利，从而对企业主动减排的积极性产生正向的推动作用。减排成本差异是企业参与碳交易的原动力，在综合考量减排成本、购碳成本和处罚成本的基础上，通过交易可产生企业为实现降低履约成本和碳资产价值最大化目标的激励性政策效果。

随着"双碳"目标的不断推进，未来全社会碳排放总量势必将进一步被压缩，免费配额的比例和数量将被削减。加之企业规模的扩大，供给方手中盈余的配额将会越来越少，同时原本那些可以通过自身内部减排而无须参与市场交易的企业由于边际减排成本上升以及技术更新困难大、周期长，很难跟上政府制定的减碳规划，导致这类企业的减碳任务加重。因此可以预计未来碳交易市场会出现供给端紧缩而需求下降不明显甚至扩大的可能性，国内的碳价格在短期波动趋于稳定之后会有一个上涨的趋势。所以从长期来看，对于控排企业而言，单纯依靠碳交易来满足碳排放的做法是不可取的，企业更需要做的是调整经营策略和减排方案。

6.3 建筑领域企业碳交易试点实践案例对比分析

本节将在介绍建筑领域企业碳交易典型案例的基础上分析当前企业参与碳交易存在的障碍以及碳交易市场在建设推进过程中存在的问题，并结合典型案例中企业在碳交易以及内部碳资产管理方面采取的不同策略总结出有益经验，为下节碳交易制度设计以及参与流程优化做好铺垫。考虑到所选案例的代表性以及相关资料的可获得性，本节选用案例涉及10家建筑领域企业，包括钢铁、水泥、建筑等行业，涵盖北京、上海、天津、湖北、重庆、广东等碳交易试点地区，其中既有大型的国有企业也有行业内在碳交易、碳资产管理方面较为出色的民营企业，尽可能在行业、地域、企业类型方面进行平衡以体现代表性。

6.3.1　碳交易试点实践案例介绍

1．中国葛洲坝集团水泥有限公司（简称"葛洲坝水泥公司"）

作为2014年首批进入湖北碳交易市场的企业，在首个履约期内出现配额不足的缺口，公司不得不花费3000多万元购买配额。如今，葛洲坝水泥公司每年花费数百万元购买碳配额，但和一开始被动购买不同，企业已摸索出一套适合水泥行业的完善碳资产交易流程。不仅有专业部门负责碳核查、碳交易和碳资产，公司每年还出具专业市场报告，对今年碳交易市场进行预判和评估，并安排交易计划。2020年，葛洲坝水泥公司购买碳配额的单价，比碳交易市场均价低了9.6%。

2．华新水泥股份有限公司（简称"华新水泥"）

作为中国碳交易试点重点控排企业之一，华新水泥2014年被纳入湖北省第一批碳排放管理企业。2014—2016年，公司先后出台碳资产管理办法，成立气候保护部和碳资产管理委员会，将碳资产纳入财务统筹管理。2017年，华新水泥与壳牌能源（中国）有限公司签署定制化碳交易协议，率先开启全国统一碳交易市场远期CCER交易。此次合作采用创新性设计，综合场外交易、碳排放权配额及CCER置换等工具，在盘活企业碳资产的同时，华新水泥可以选择灵活的交易方式，提前锁定全国碳市场CCER资源，降低履约成本，达成低碳目标，兑现低碳承诺，提高经济效益。此外，华新水泥还通过实施碳配额交易与托管，结合"高抛低吸""CCER与配额置换"等方式，实现碳资产增值保值。

3．北京建工集团有限责任公司（简称"北京建工"）

2021年，北京建工旗下市政路桥建材集团与阿里巴巴旗下高德地图正式签订全国首单PCER（北京认证自愿减排量）碳交易协议。本次交易的PCER（北京认证自愿减排量）碳指标是由市民采用公交、地铁、自行车、步行等绿色出行方式出行时，应用相关地图App进行路径规划及导航，出行结束后经过一系列方法所计算减少的碳排放量。这些碳减排量达到一定规模后，地图App厂商作为绿色出行碳交易代表将汇集的碳指标报主管部门审核，随后进行交易，交易所得金额全部返还用户，实现碳普惠的同时鼓励市民全方位参与绿色出行。

4. 方兴地产（中国金茂控股集团有限公司前身）

2011年，方兴地产通过北京环境交易所购买自愿碳减排量用以中和方兴地产金茂府项目实施建设期间所产生的碳排放量，这是国内第一个建筑业的碳中和项目。方兴地产所购买的自愿减排量则是来源于云南勐象竹业有限公司竹林碳汇项目，价格为60元/t。2012年，方兴地产对持有的凯晨中心进行了大规模节能改造，根据技术方案将节能25%，每年产生2000t碳减排量，也就意味着方兴地产每年将产生2000t配额剩余，方兴地产成功将上述配额出售获利。2013年，中国节能环保集团下属节能绿碳（北京）公司出资购买方兴地产旗下中化金茂物业公司每年1000t碳排放指标（配额）。方兴地产售出的中化金茂物业公司每年1000t碳排放指标，正是源于其之前在节能减排领域完成的一次成果。

5. 上海鸿泰房地产有限公司（简称"鸿泰地产"）

2011年，鸿泰地产在上海环境能源交易所向上海医疗器械（集团）有限公司认购了2012t经"中国自愿碳减排标准"核定的碳减排量，以中和鸿泰地产浦江国际金融广场建造过程中产生的碳排放，交易价格为每吨38元人民币。这是中国新建建筑领域首例碳交易，也是中国首例按"中国自愿碳减排标准"进行的"碳交易"。此次碳中和项目依据"中国自愿碳减排标准"实施完成了整个碳中和流程，包括依据"中国自愿碳减排标准"编制碳盘查报告、自愿减排项目设计文件，由国内知名的第三方认证机构——中环联合（北京）认证中心有限公司对项目进行核查并出具核查报告，由"中国自愿碳减排标准"理事会发放项目排放量确认函及减排量签发函，在"中国自愿碳减排标准"登记注册核销中心进行减排量核销登记，获得碳减排量核销证书及碳中和标识等。

6. 宝山钢铁股份有限公司（简称"宝钢股份"）

宝钢股份是中国较早加入碳排放权交易的公司，公司于2013年在上海市交易所注册交易账户。通过建立碳排放实绩跟踪评价体系，规范碳排放统计流程，使企业能够及时掌握碳排放情况。2014—2021年，公司通过减少燃煤消耗，将多余的碳排放额出售，获得碳收益，同时在2017年通过陆续购买CCER和挂牌交易等方式填补碳配额缺口。由于宝钢股份四个主要生产基地中的三个基地分别处于上海、湖北、广东试点碳交易市场,以所在试点市场的现行碳价计算,目前公司的碳履约成本约为1.2亿元/a;预计"十四五"期间,钢铁行业在被纳入全国碳交易市场后,按95%的免费配额,60元/t CO_2预测,公司的履约成本将达到2.7亿元/a。

此外,企业每年会聘请第三方对企业碳排放数据进行核查,出台较为完善的碳资产管理办法,制定公司碳资产管理流程,碳资产管理体系较为健全。同时,碳交易业务的专业性也使企业产生了对相关人才的需求,企业在内部建立起一套碳资产管理的金融、法律和项目管理的专业人才培养体系。

7. 鞍钢集团有限公司(简称"鞍钢集团")

全国碳交易市场在第一个碳履约周期内成交量较小、波动较大,如何甄选交易对手方、何时交易,成为企业按时且低成本履约需要解决的重要问题。鞍钢集团资本控股有限公司抓住全国碳交易市场逐步开放和集团加快构建"双核+第三极"产业发展新格局的重要机遇,通过企业碳资产调研,第一时间摸清碳配额缺口值,为企业提供创新设计碳排放配额回购业务定制化服务方案。2021年,鞍钢集团在机构撮合下确定交易对手方,以低于市场全年均价10.64%的价格,按时完成2021年度碳履约工作;2022年4月,鞍钢集团成功办理首单碳排放额回购业务,成功融资2630万元,融资成本利率4%,低于基准利率,而且不占用企业授信,不限制资金使用用途,有效降低资金成本,提高了资金使用灵活性。在碳资产运作管理方面,鞍钢集团提出建立碳资产金融体系,成立碳资产金融工作组,并于2014年成立鞍钢集团资本控股有限公司作为鞍钢集团下属资本运作平台,建立起多元化绿色金融产品体系,为集团和子企业提供碳交易、碳金融服务。

现阶段,鞍钢集团资本控股有限公司已与金融行业、能源行业多家企业在碳资本管理领域达成战略合作意向,战略合作协议签署工作正在有序推进,根据公司发展规划,未来公司将与更多金融机构、同业碳资产管理公司进行深度合作,更好地为集团以及产业链企业提供碳交易、碳金融服务,后续公司还将建立"双碳"基金,对全国优质低碳项目进行投资,为降低鞍钢集团碳交易成本提前布局,并通过资本市场降本增效,力争使鞍钢集团成为国内重点碳排放企业低成本履约的典范。

8. 重庆钢铁股份有限公司(简称"重钢股份")

2015年重钢股份通过出售碳排放配额获利91.5万元,并在全市涉及碳交易的企业中，率先制定配额管理和快速交易决策制，自行编制碳排放统计表，依照每年生产计划和碳排放核算标准进行排放的配额估算。

9. 天津天丰钢铁股份有限公司（简称"天丰钢铁"）

天丰钢铁作为天津碳交易市场纳入试点的控排企业之一，早在2014年就签订了CCER交易合同，并于2015年完成了6万t国内首笔控排企业购买中国核证自愿减排量（CCER）线上交易。此次交易价格低于此前广东碳市的首笔CCER线上交易价格，即19元/t。交易项目系芜湖海螺水泥有限公司余热发电工程项目。该项目属于三类项目，于2014年7月获得首次减排量备案，备案减排量为61.6125万t。

10. 天津荣程联合钢铁集团有限公司（简称"荣程集团"）

荣程集团是天津市大型民营骨干企业之一。2021年，荣程集团花费2497万元完成履约。2022年，荣程集团下属天荣、金属制品、矿产三家公司首次均实现碳排放配额结余，总结余量达39.6万t，碳排放较去年同期降低66万t，企业首次实现了从出钱购买碳排放权向碳排放权出售获利的转变。

为了进一步构建以碳配额预算管理、碳配额交易管理和碳配额绩效管理、自愿减排项目管理、碳金融等为核心内容的碳资产管理框架，提高企业碳资产的保值增值能力及专业化管理水平，2021年9月荣程集团在东疆保税港区注册成立天津荣程碳资产管理有限公司，注册资本1亿元人民币。这是天津市首家新设立的碳资产管理公司。作为荣程集团专业化实施碳资产管理的平台，该公司将围绕配额碳资产管理、减排碳资产管理、低碳课题研究等工作，开展碳交易精细化管理，实现碳资产增值保值。

对上述案例进行整合分析，具体结果见表6-6。

碳交易企业典型案例总结　　　　　　　　　　表6-6

公司名称	参与碳交易起始时间	碳交易安排	成效
中国葛洲坝集团水泥有限公司	2014年	专业部门负责碳核查、碳交易和碳资产，每年出具专业市场报告，对当年碳市场交易进行预判和评估，并安排交易计划	2020年公司购买碳配额的单价比碳市场均价低9.6%
华新水泥股份有限公司	2014年	出台碳资产管理办法，成立气候保护部，成立碳资产管理委员会	2017年，华新水泥股份有限公司与壳牌能源（中国）有限公司签署定制化碳交易协议，开创了全国统一碳市场远期CCER交易先河

续表

公司名称	参与碳交易起始时间	碳交易安排	成效
北京建工集团有限责任公司	—	2021年，北京建工集团旗下市政路桥建材集团与阿里巴巴旗下高德地图正式签订全国首单PCER（北京认证自愿减排量）碳交易协议	地图APP厂商作为绿色出行碳交易代表将汇集的碳指标报主管部门审核，随后进行交易，交易所得金额全部返还用户，实现碳普惠的同时鼓励市民全方位参与绿色出行
方兴地产（中国金茂控股集团有限公司前身）	—	对持有的凯晨中心进行了大规模节能改造，根据技术方案将节能25%	设立国内第一个建筑业的碳中和项目，通过技术改造每年产生2000t配额剩余
上海鸿泰房地产有限公司	—	认购了2012t经"中国自愿碳减排标准"核定的碳减排量以中和鸿泰地产浦江国际金融广场建造过程中产生的碳排放	完成中国新建建筑领域首例碳交易，也是中国首例按"中国自愿碳减排标准"进行的"碳交易"
宝山钢铁股份有限公司	2013年	通过建立碳排放实绩跟踪评价体系，规范碳排放统计流程，使企业能够及时掌握碳排放情况	通过出售多余配额获利，同时购买配额弥补碳排放缺口
鞍钢集团有限公司	2014年	建立碳资产金融体系，成立碳资产金融工作组；加快构建"双核+第三极"产业发展新格局	助力公司整体战略目标的实现；帮助旗下企业成功融资，有效降低融资成本
重庆钢铁股份有限公司	—	率先制定配额管理和快速交易决策制，自行编制碳排放统计表，依照每年生产计划和碳排放核算标准进行排放的配额估算	2015年通过出售碳排放配额获利91.5万元
天津天丰钢铁股份有限公司	2014年	作为天津碳市场纳入试点的控排企业之一，早在2014年11月4日，就与中碳未来（北京）资产管理有限公司通过天津排放权交易所签订了CCER交易合同	2015年完成了6万t国内首笔控排企业购买中国核证自愿减排量（CCER）线上交易，交易价格低于此前广东碳市的首笔CCER线上交易价格
天津荣程联合钢铁集团有限公司	—	构建以碳配额预算管理、碳配额交易管理和碳配额绩效管理、自愿减排项目管理、碳金融等为核心内容的碳资产管理框架	实现从出钱购买碳排放权向碳排放权出售获利的转变

资料来源：市场公开资料整理。

6.3.2　碳交易试点实践现存问题

根据以上列举的建筑领域企业碳交易试点案例，通过分析建筑领域企业参与碳交易的流程和经验，并结合国内碳交易市场建设现状，本节对目前建筑领域企业参与碳交易过程中存在的问题和障碍进行总结：

1. 地方与全国碳交易市场兼容性不足，协同发展障碍较多

目前，国内正处在全国碳交易市场和地方碳交易市场并存的阶段，由于各试点相关市场建设方案和监管标准在制定时仅考虑了本地区需求，目前全国碳交易市场和地方碳交易市场以及各个地方碳交易市场之间在配额分配方法、交易制度、交易流程以及碳价等方面差别较大，地方碳交易市场与全国碳交易市场在衔接方面亦存在制度性障碍。地方碳交易市场规则如何向全国碳交易市场规则统一，企业所持配额如何结转，将成为地方碳交易市场与全国碳交易市场协同发展的一大问题。此外，考虑到地方试点碳交易市场先行先试的独特优势，其风险较小的市场创新可以为全国碳交易市场的完善提供借鉴，可以合理预见在电力等八大行业被纳入全国统一碳交易市场后，地方碳交易市场很可能不会终止全部交易业务。因此，如何增强全国与地方碳交易市场的兼容性、促进两个市场长期协调发展，短期乃至中长期内将始终存在。

2. 约束效应不足，碳交易市场规则缺位

在估算方法上，确定碳配额总量的两种方法（"地方—全国"和"全国—地方"）之间的数据协调仍然没能得到有效解决，两种方法的混合使用导致配额总量出现不一致甚至相差过大的情况，目前还没有合适的解决方案。另外，由于配额总量被事先设定，但可能会受到政策干预、估算方法以及数据搜集等因素的影响导致结果并不精确，很有可能与企业最终的实际排放不一致，甚至存在较大偏差，虽然在当前的实践中通过企业在预配额和最终配额之间多退少补可以在一定程度上缓解这种矛盾，但会增加整个系统在运转过程中的无效摩擦和额外风险。

在市场规则设计方面，当前国内碳交易市场的相关法律和政策体系仍然不完善，导致进入碳交易市场的市场主体对未来碳交易市场的发展以及碳资产价值没有稳定预期。特别是目前中国是全国性碳交易市场和试点区域碳交易市场并存，更需要完善的碳交易市场基础制度来支撑碳资产价值的有效性。此外，还有一些被纳入碳交易市场的企业对碳排放权交易的储蓄和借贷配额政策的确定性仍然存在顾虑。碳排放交易试点的配额持有者对于能否将配额存入或结转至国家碳排放

交易系统尚不确定，以及区域试点碳交易市场如何向国家碳排放交易系统过渡的不确定性，这些问题都影响了碳交易市场主体的市场行为，进而可能抑制对碳排放配额的需求，从而影响碳价。

在信息披露方面，许多企业不愿意公开碳排放量、碳配额总量、配额方案以及交易数据等信息，而信息披露制度不完善加重了这种市场不透明程度。不透明的市场信息使交易双方不能确定公平合理的市场定价，大大增加了交易成本，降低了交易效率，这也是导致中国碳交易市场缺乏流动性、市场发展缓慢的一个重要原因。

3. 市场激励效果不显著，专业人才短缺

碳交易市场与传统的实物商品交易市场相比，明显不同之处在于国内现有的碳交易市场是先有制度再有相关的活动形成市场。构建碳交易市场的政府规章、管理办法、制度标准等，对于碳交易市场的建立和发展以及市场内各项活动的开展具有至关重要的作用。然而从目前各试点地区碳交易相关政策的制定过程来看，交易主体企业在其中的参与度和存在感较低，使得这种以最终市场化为导向的制度构建完全成为一种单纯的政府决策过程，虽然一些方案标准在正式实施前会以征求意见稿的形式提前公示，但企业参与决策和政策制定途径的多样性和有效性不足的问题始终影响着企业与政府的沟通与合作，最终影响到政策的实施效果。现有政企共同制定交易政策的成功案例中，宝钢股份通过积极参与同政府主管部门关于各年度初始配额分配原则以及数量的谈判，确保企业能够尽快接入碳交易市场进行碳交易并按期完成碳履约；而在政府一方，上海市在分配初始碳排放配额时有意限制宝钢股份的碳排放数量，希望使宝钢股份成为碳排放权的买方，以拉动上海碳排放交易试点的交易量和价格。最终企业与政府通过谈判达成一致，相互合作实现各自的目标。但是更多中小企业、民营企业缺少类似的交流机会。因此提高企业在相关政策标准制定过程中的参与度，理顺企业与政府之间的角色关系，是当前碳交易市场建设过程中调动企业主动性的关键。

从企业内部运行来看，一些企业通过与第三方专业的碳管理、碳金融机构合作或者在内部设立专门服务于企业碳交易业务、管理企业碳资产的部门或子公司并建立起相关的一整套制度架构和人事安排等方式，以帮助企业合理利用碳交易、碳金融来规避碳交易市场波动和碳违约的风险，提高企业碳资产管理的水平和效益，这在许多大型企业中已经成为一种趋势。但是对于众多中小企业而言，其在企业内部碳预算体系、碳交易方案、碳管理标准以及碳预警机制建设方面基本上是一片空白，其中既有企业碳管理意识淡薄、碳交易动力不足的原因，也有

成本的因素：由于企业碳体系的构建需要投入大量人力、物力、财力，其中尤其是专业人才的缺乏，导致碳交易、碳管理的水平和效益普遍偏低，目前从外部获取专业人才的做法效果并不理想。中小企业也难以负担类似大型企业在内部进行长期人才培养和队伍建设所产生的巨大成本压力。以上这些问题都构成了众多企业规范碳交易活动、提高碳资产管理水平的障碍。

6.4 建筑领域企业碳交易路径设计

　　本节将在上节问题分析的基础上，结合建筑领域企业特点并借鉴国外先进经验，构建起一种高效的碳交易市场机制设计与路径，为完善全国碳交易市场和各地区开展碳交易市场建设提供可行范式。

　　在一个高效的碳交易市场机制下，碳交易市场（包括一级市场和二级市场）应该是一个政府、企业、机构、公众等各方市场主体参与活跃的多元化市场。市场的高效运转需要碳排放配额、政策保障、经济资源等投入要素的均衡布局，各参与主体在维持市场良性运转、生态产品消费需求、维护保障公共利益、盈利投资经济动机和市场行为公共监督等行为激励下，最终实现生态产品供给、扩大公共福利和获取私人利益等效益产出，如图6-5所示。

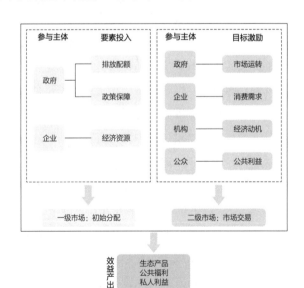

图6-5　高效的碳交易市场机制

6.4.1 碳交易投入要素

碳交易市场需要投入多种要素，具体包括排放配额、政策保障和经济资源。各种要素由不同的市场主体提供，并在市场机制中发挥着不同作用，通过合理的碳交易制度设计实现各种要素合理布局、均衡投入，为碳交易市场高效运转提供物质基础。

1. 碳排放配额

碳排放配额是碳交易市场的核心要素。在一级市场中，政府在总量控制的原则下，通过无偿分配或拍卖分配方式将碳排放配额分配给企业。企业必须以取得配额为前提进行生产并产生碳排放，进而在权利范围内排放温室气体。目前，对于免费配额部分，国内碳交易市场中针对建筑领域企业使用的配额分配方式常见的有历史法和基准法两种，具体见6.1.2节中表6-5。

需要注意的是，无论是历史法还是基准法，在发挥其现实优势的同时，其弊端也同样明显。例如，由于历史法需要依据以往若干年的企业排放数据来设定配额量，因此企业的历史排放越多所获排放配额越高，如果企业之前开展了减排行动，反而会导致所获排放配额绝对数量的减少，即在无形中奖励了污染严重的企业获得更多的免费许可而打击企业先前的自主减排；基准法则需要建立在大量较高精度的行业排放数据基础之上，对数据的要求更为复杂，在现阶段该方法可行性较低且成效并不明显。

2. 政策保障

营造公平有序的碳交易市场环境需要相关配套政策的支持，政策变量在激发多方主体参与整个市场交易积极性，确保市场交易的正常运转的过程中发挥着重要作用。政府部门需要在综合考虑减排目标、经济预期、各行业发展现状和碳排放结构的基础上，设置明确的配额分配方案、交易规则、监管办法等具体细则，建立完善的履约规则，规定重点排放单位的履约期限和履约责任，明确市场参与主体和交易产品。

3. 经济资源

经济资源是促进配额在市场中流通的保障，在一级市场中，经济资源主要由企业提供。在配额的初始分配中，企业除了提高政府免费分配获得配额外，也可以通过拍卖途径，当政府采取固定价格出售或拍卖等有偿分配方式发放配额时，企业若要在一级交易市场中获取一定量的配额，则需要支付相应的费用，这些费用就构成了碳市场内融入的最基本的经济资源。拍卖模式具有减少福利扭曲、分配效率较高等优势，但由此带来的控排企业减排成本上升、部门产出下降等负面影响较大。因此从目前国内碳交易市场发展阶段来看，免费与拍卖相结合的混合分配方式能够较好地兼顾宏观经济成本与产业结构的调整。

6.4.2 碳交易过程机制

一个基本的碳交易模式必须包含如下关键环节：第一是配额总量的设定，这直接关系到整个碳交易市场在运行周期内的成效和碳排放总量目标的达成；第二是配额分配方式的制定，一个合理的碳配额分配方式必须兼顾公平与效率的问题；第三是对企业在碳交易市场的行为的监管和规制机制；第四是对于企业主体自身碳效率监测管理模式的构建。

1. 配额总量设定

配额总量直接影响碳配额的稀缺性、流动性以及碳交易市场的活跃程度。一个合理有效的配额总量主要由区域内碳排放以及经济发展情况所决定，在设置的过程中需要关注行业减排潜力的大小，并充分考虑企业的客观承受能力，精准评价企业完成履约所需要承担的成本。

2021年，国务院发布《2030年前碳达峰行动方案》（以下简称《方案》），《方案》中明确提出：到2030年，非化石能源消费比重达到25%，单位国内生产总值CO_2排放比2005年下降65%以上，顺利实现2030年前碳达峰目标。基于此，本书提出年度碳配额总量测算模型，并进一步推出建筑领域主要行业月度碳配额模型。假设设定的减排目标可以按时完成，则2030年碳排放强度为2005年碳排放强度[①]的35%，即：

$$I_{2030} = 0.35 I_{2005} \qquad (6-1)$$

式（6-1）中，I_{2005}、I_{2030}分别指2005年、2030年的碳排放强度。以2020年碳排放强度为基准，得到2021—2030年间的碳排放强度年平均变化率q为：

---

① 碳排放强度即单位国内生产总值CO_2排放量，单位：t/万元。

$$q = 1 - \sqrt[10]{\frac{I_{2030}}{I_{2020}}} \qquad (6-2)$$

式（6-2）中，I_{2020}表示2020年的碳排放强度。根据GDP年均增长速度，可得到2020—2030年间年度碳配额总量测算模型：

$$CQ_t = GDP_{2020} \times I_{2020} \times (1-q)^{t-2020} \times (1+r)^{t-2020} \qquad (6-3)$$

式（6-3）中，CQ_t表示第t年碳配额总量；GDP_{2020}指2020年GDP总量；r表示2017—2030年间GDP增速，考虑到国内一些专家学者对中国"十四五"时期乃至之后5年的经济增速预期总体介于5%～6%，且普遍认为实现6%的经济增长目标压力较大[74]，因此GDP增长率一般采用5%的假定比较合理。

从年度配额总量CQ_t的构成来看可以分为三个部分：

$$CQ_t = CQ_t^1 + CQ_t^2 + CQ_t^3 \qquad (6-4)$$

式（6-4）中，CQ_t^1表示企业所获得的初始配额总量，等于各重点控排企业年度碳配额之和，占年度配额总量的90%；CQ_t^2表示政府预留配额，用于重大项目建设、市场投放和回购配额，避免市场过度波动，平衡市场供需关系，数量上占年度配额总量的5%；CQ_t^3表示新增预留配额，用于企业新增产量及产能变化，占年度配额总量的5%。

本书研究的建筑领域主要包含建材生产、施工建造和运行管理三个阶段，分别以建材行业、建造行业和房地产行业为代表，涉及生产性部门和服务性部门，不同行业之间生产经营活动差异较大，因此需要根据不同行业的特点分别设定各行业的年度配额总量。

（1）建材行业

建材行业中以水泥、钢铁生产企业最为典型。钢铁是中国碳排放量最大的工业，而建筑中的水泥又是建材行业最大的细分行业，2020年建材行业水泥的碳排放量为12.3亿t，钢铁为10.16亿t，水泥和钢铁二者之和占到中国建材总碳排放量的84.4%①。因此在碳控排的背景下，钢铁和水泥行业的排放问题必须放在建材行业减排的首要位置。

---

① 资料来源：凤凰网财经消息https://baijiahao.baidu.com/s?id=1748350224907924230&wfr=spi-der&for=pc.

首先，对分配至建材行业重点排放单位的企业初始配额进行研究，年度企业初始碳配额分配至月，提出碳达峰背景下建材行业企业月度碳配额模型：

$$CQ_{tn}^{b} = \frac{\delta_t^b CQ_t^1 S_{tn}^b}{\sum_{n=1}^{12} S_{tn}^b} \qquad (6-5)$$

$$\delta_t^b = \frac{e_t^b}{e_t} \qquad (6-6)$$

式（6-5）中，CQ_{tn}^b 表示 t 年 n 月建材行业碳配额总量；δ_t^b 表示 t 年建材行业的碳排放占比；S_{tn}^b 表示 t 年 n 月建材行业的产量。

式（6-6）中，e_t^b 表示第 t 年建材行业碳排放量；e_t 表示第 t 年总碳排放量。

在设定全国建材行业碳配额总量的基础上，可以进一步考察省域建材行业碳配额总量设定的问题。省域建材行业企业月度碳配额模型如下：

$$CQ_{tni}^{b} = \frac{\varepsilon_{ti} CQ_t^1 S_{tni}^b}{\sum_{n=1}^{12}\sum_{i=1}^{31} S_{tni}^b} \qquad (6-7)$$

$$\varepsilon_{ti} = \frac{e_{ti}^b}{e_t} \qquad (6-8)$$

式（6-7）中，CQ_{tni}^b 表示 t 年 n 月 i 省份建材行业碳配额总量；ε_{ti} 表示 t 年 i 省份建材行业的碳排放占比；S_{tni}^b 表示 t 年 n 月 i 省份建材行业的产量。

式（6-8）中，e_{ti}^b 表示第 t 年 i 省份建材行业碳排放量；e_t 表示第 t 年总碳排放量。

这里需要注意的是，建材行业作为生产性行业，其生产的产品能够在省域间的国内贸易及产业链中进行流通，产品的生产和消费在空间上分离，从而引起碳转移的问题，单一主体的"生产责任原则"和"消费责任原则"的碳排放核算方案均难以平衡高碳排放生产地和高碳足迹消费地之间的碳排放责任，造成省域碳排放初始责任配额不均，无法在保障减排动力的前提下满足易于实施的要求，因此在研究省域建材行业碳配额总量设定模型时需要对式（6-7）进行优化调整。

假设 CQ_{tnij}^b 表示 t 年 n 月 i 省份建材行业为省份生产建材产品而获得的 j 省份向 i 省份在配额总量上的转移补偿，CQ_{tnji}^b 表示 t 年 n 月 i 省份由于使用了 j 省份生产的建材产品而向 j 省份建材生产者在配额总量上的转移补偿，则 t 年 n 月 i 省份建材行业实际应得配额总量为：

$$CQ_{tni}^{b\,*} = CQ_{tni}^{b} + \sum_{j=1,\,j\neq i}^{31} CQ_{tnij}^{b} - \sum_{j=1,\,j\neq i}^{31} CQ_{tnji}^{b} \qquad （6\text{-}9）$$

式（6-9）中 $CQ_{tni}^{b\,*}$ 就表示 t 年 n 月 i 省份建材行业实际应该获得的碳配额总量。

此处需要特别说明的是，关于 i 省份向 j 省份转移补偿配额量 CQ_{tnij}^{b} 的定量计算问题，考虑到在蕴含碳排放量的产品贸易过程中，其生产者和消费者均从中获得利益，因此根据"谁获益谁担责"的原则，双方应该共同分担双边贸易隐含碳排放责任。建材产品的省际贸易也是同样道理。现有共担方案主要分为系数法（在生产者与消费者之间确定某一比例分担）和分类法（按碳排放来源进行分担）[75]。其中，分类法需要对产品的碳排放量、碳排放源、细分能源的消耗种类和数量进行详细统计，同时涉及数量众多、不同行业、跨省交易的企业，实际操作执行的难度较大，因此本书只讨论系数法。系数法最重要的就是分担系数的确定，目前学术界对分担系数设计角度丰富，在国内省际层面的应用研究十分广泛，但对于评定标准和分配系数的确立仍未达成一致[76]，有主张以"均等分配法"将生产者和消费者的碳排放责任等分，即将分担系数设为0.5[77，78]，也有依据生产活动中获取的增加值对价值链上的碳排放责任进行分担的[79，80]，本书则从生产者和消费者的收益角度为配额的省际转移量补偿的测算提供一种可选的方法。假设 i 省份向 j 省份的商品转出量为 $\sum_{x=1}^{n} Q_x$，其中 x 表示交易的建材产品的类别；若每种产品的单位产出碳排放量，即碳排放因子，为 e_x，则省际碳排放转移量为 $\sum_{x=1}^{n} e_x Q_x$；此时销售方的参与约束为 $\{x=1,2,\cdots,n \mid p_x Q_x \geq p_i^c e_x Q_x\}$，购买方的参与约束为 $\{x=1,2,\cdots,n \mid p_j^c e_x Q_x \geq p_x Q_x\}$，其中 p_x 表示产品的交易价格，$p_{i,j}^c$ 分别表示 i 省份和 j 省份的碳价格；则销售方的收益就表示为 $\sum_{x=1}^{n} \left(p_x Q_x - p_i^c e_x Q_x\right)$，记为 ΔS，购买方的收益就表示为 $\sum_{x=1}^{n} \left(p_j^c e_x Q_x - p_x Q_x\right)$，记为 ΔD；那么，i 省份和 j 省份对于建材产品省际交易的碳排放分担系数分别为 $\dfrac{\Delta S}{\Delta S + \Delta D}$ 和 $\dfrac{\Delta D}{\Delta S + \Delta D}$，$i$ 省份获得的配额补偿就是 $\sum_{x=1}^{n} e_x Q_x \theta_x \dfrac{\Delta D}{\Delta S + \Delta D}$，其中 θ_x 表示产品的控排系数或者减排率。

在确定了省际转移补偿的配额量之后，令 i 省份建材行业获得的来自其他省份在配额总量上的转移补偿与 i 省份建材行业原有配额总量的比值为 λ_{ti}，即

$$\lambda_{ti} = \frac{\sum_{j=1, j \neq i}^{31} CQ_{tnij}^{\mathrm{b}}}{CQ_{tni}^{\mathrm{b}}}$$ ；令 i 省份向其他省份建材生产者在配额总量上的转移补偿与 i

省份建材行业原有配额总量的比值为 μ_{ti}，即 $\mu_{ti} = \dfrac{\sum_{j=1, j \neq i}^{31} CQ_{tnji}^{\mathrm{b}}}{CQ_{tni}^{\mathrm{b}}}$。则式（6-9）可以

变为：

$$CQ_{tni}^{\mathrm{b}*} = \left(1 + \lambda_{ti} - \mu_{ti}\right) CQ_{tni}^{\mathrm{b}} \qquad (6-10)$$

令 $\xi_{ti} = \left(1 + \lambda_{ti} - \mu_{ti}\right)$，则有：

$$CQ_{tni}^{\mathrm{b}*} = \xi_{ti} CQ_{tni}^{\mathrm{b}} \qquad (6-11)$$

此处的 ξ_{ti} 就是对 t 年 n 月 i 省份建材行业原有分配模型下碳配额总量 CQ_{tni}^{b} 的调整系数。显然，当 $\lambda_{ti} > \mu_{ti}$ 时，则表明 i 省份向其他省份的建材产品输出大于从其他省份的流入，i 省份建材行业获得净碳排放转入，为其他省份承担了部分碳排放责任，应该在碳配额总量划定上予以一定程度的倾斜，而此时 $\xi_{ti} > 1$，说明改进后的模型 i 省份建材行业实际应得配额量要大于原有模型下的配额量，调整系数 ξ_{ti} 确实能够满足上述要求；若 $\lambda_{ti} < \mu_{ti}$，结论一样。通过上述分析可以得到：经过 ξ_{ti} 的调整，可以在原先设定的全国建材行业碳配额总量基础上进一步得到更为合理公平的省域建材行业企业月度碳配额总量。

（2）建造行业

建造行业的配额总量设定与建材行业类似，其碳排放责任主体明确、碳排放来源和构成容易统计，同时施工建造完成后的建筑物一般不会发生空间上的移动，因此建筑行业的配额总量设定就不需要考虑碳排放转移的问题。参照上文，可以将建筑行业配额总量设定如下：

$$CQ_{tni}^{\mathrm{c}} = \frac{\varepsilon_{ti} CQ_t^{\mathrm{l}} S_{tni}^{\mathrm{c}}}{\sum_{n=1}^{12} \sum_{i=1}^{31} S_{tni}^{\mathrm{c}}} \qquad (6-12)$$

$$\varepsilon_{ti} = \frac{e_{ti}^{\mathrm{c}}}{e_t} \qquad (6-13)$$

式（6-12）中，CQ_{tni}^{c} 表示 t 年 n 月 i 省份建筑行业碳配额总量；ε_{ti} 表示 t 年 i 省份建筑行业的碳排放占比；S_{tni}^{c} 表示 t 年 i 省份 n 月完成的工程量。

式（6-13）中，e_{ti}^c 表示第 t 年 i 省份建筑行业碳排放量；e_t 表示第 t 年总碳排放量。

（3）房地产行业

建筑运营阶段产生的碳排放由房地产行业承担，分配给房地产行业的配额量调控的对象是建筑内外居住者或使用者实现建筑各项服务功能，包括维持建筑环境（如供暖、通风、空调和照明等）和各类建筑内活动（如办公、炊事、机房）等所使用能源产生的碳排放，同样也无须考虑碳排放转移的问题。参照上文，可以将建筑行业配额总量设定如下：

$$CQ_{tni}^e = \frac{\varepsilon_{ti} CQ_t^l S_{tni}^e}{\sum_{n=1}^{12} \sum_{i=1}^{31} S_{tni}^e} \qquad （6-14）$$

$$\varepsilon_{ti} = \frac{e_{ti}^e}{e_t} \qquad （6-15）$$

式（6-14）中，CQ_{tni}^e 表示 t 年 n 月 i 省份房地产行业碳配额总量；ε_{ti} 表示 t 年 i 省份建筑运营使用产生的碳排放占比；S_{tni}^e 表示 t 年 n 月 i 省份物业管理的营业收入。

式（6-15）中，e_{ti}^e 表示第 t 年 i 省份建筑运营使用产生的碳排放量；e_t 表示第 t 年总碳排放量。

2. 配额分配方式制定

各地区、各行业在确定配额总量之后就需要对区域内、行业内的企业进行配额分配。一个公平有效的配额分配方式必须能够满足以下几点要求：尽可能降低碳交易市场对企业产生的影响；避免出现意外之财；促进低碳技术的投资；确保市场的流动性。在碳交易市场运行初期，通常采用无偿方式分配配额，包括结合历史排放的祖父分配法和结合标杆排放率的基准线法。祖父分配法容易造成历史排放较多的企业能够获得多数配额，历史排放较低的企业，可能在早期阶段采用了减排技术，导致减排空间不大，减排的边际成本较高，却最终仅获得少数的配额，产生了"鞭打快牛"的不公平现象。相比之下，基准线法是更公平的分配方式，但操作较复杂，加之企业的细分种类较多，不能够采用以偏概全的方式设置基准线，而对细分企业单独设置基准线也非常困难。

随着碳交易市场逐渐成熟，配额拍卖的比例正在逐渐增加。但是，对于存在"碳泄漏"风险的行业，需另外制定"碳泄漏"清单，对清单中的行业应延缓采用拍卖方式分配配额。

在北京、上海、广东、深圳、天津、湖北、重庆、福建八个地方碳试点建设过程中，除北京、福建目前未开始有偿发放的具体实践，完全采用免费配额以外，其余试点均尝试开展不同规模的碳配额拍卖市场，且发放拍卖总量均不超过当年配额总量的10%，目前最高比例为湖北试点的8%[81]。本书设计建筑领域企业碳配额采用有偿与无偿分配相结合的方式。无偿分配符合中国碳交易市场建设初期的现状，有助于降低碳交易交易对企业生产成本的冲击，提高企业参与度。同时，提高有偿分配比例、逐步从免费配额制向有偿分配法转变是市场化发展趋势，是提高企业减排意识的有力手段，拍卖价格也能为二级市场提供价格信号。基于对中国碳配额免费分配主导下的市场化探索研究并结合国内碳交易市场现状，规定初始配额90%免费发放，10%有偿分配。

（1）建材企业

碳配额无偿分配模型如下：

$$CQ_{tmij}^{b} = \alpha_j^{b} CQ_{tmi}^{b\,*} k \qquad (6\text{-}16)$$

式（6-16）中，CQ_{tmij}^{b} 为 i 省份建材企业 j 免费分得的碳配额；k 是月配额免费发放比例（按照上文设定为90%）；α_j^{b} 是建材企业 j 的碳配额分配系数，用于在不同企业之间调节免费配额量，显然 $\alpha_j^{b} \in (0,1)$，$\sum_{j=1}^{n} \alpha_j^{b} = 1$。从式（6-16）中可以看出，计算建材企业 j 免费分得的碳配额 CQ_{tmij}^{b}，$CQ_{tmi}^{b\,*}$ 和 k 都是已知，因此只需要对式子中的 α_j^{b} 进行测算。由于建材行业属于生产性部门，本报告使用的无偿分配碳配额模型中的 α_j^{b} 为根据企业 j 的绿色生产效率进行构建的，即通过对不同企业 α_j^{b} 的测算，赋予绿色生产效率高、绿色绩效突出的企业一个高于平均水平的碳配额分配系数值，从而使这些企业在免费配额的分配上相较于行业平均水平更具有优势，形成一种对于企业的正向激励作用；而对于那些绿色效率不佳甚至是处在行业平均水平以下的企业，由于较低的碳配额分配系数导致他们始终处在碳配额分配的不利一方，从而迫使这些企业不得不对自身的生产经营活动进行调整，提高资源利用效率，降低排放强度，使企业不断向行业平均水平靠拢或者直接淘汰。

其中，本书使用超效率SBM模型测算企业 j 的绿色生产效率，基本原理为：假设每个个体为一个决策单元（DMU），模型中共有 n 个DMU；每个DMU有 m 种投入，s_1 种期望产出和 s_2 种非期望产出。现将模型构建为：

$$\min \rho = \frac{1 + \dfrac{1}{m}\sum\limits_{i=1}^{n}\dfrac{s_i}{x_{ik}}}{1 - \dfrac{1}{s_1 + s_2}\left(\sum\limits_{r=1}^{s_1}\dfrac{s_r^{g^+}}{y_{rk}^g} + \sum\limits_{t=1}^{s_2}\dfrac{s_t^{b^-}}{y_{tk}^b}\right)} \tag{6-17}$$

$$s.t.\begin{cases} \displaystyle\sum_{j=1, j\neq k}^{n} x_{ij}\lambda - s_i^- \leqslant x_{ik} \\[3mm] \displaystyle\sum_{j=1, j\neq k}^{n} y_{rj}\lambda_j + s_r^{g^+} \geqslant y_{rk}^g \\[3mm] \displaystyle\sum_{j=1, j\neq k}^{n} y_{tj}^b - s_t^{b^-} \leqslant y_{tk}^b \\[3mm] 1 - \dfrac{1}{s_1 + s_2}\left(\sum\limits_{r=1}^{s_1}\dfrac{s_r^{g^+}}{y_{rk}^g} + \sum\limits_{t=1}^{s_2}\dfrac{s_t^{b^-}}{y_{tk}^b}\right) \\[3mm] s^-, s^b, s^g, \lambda > 0 \\[2mm] i = 1, 2, \cdots, m; r = 1, 2, \cdots, s_1; t = 1, 2, \cdots, n\ (j \neq k) \end{cases} \tag{6-18}$$

式中，λ 是权重向量；x_{ik}、y_{rk}^g、y_{tk}^b 为生产投入要素、期望产出要素、非期望产出要素，且三者要素个数分别为 m，s_1，s_2；三类要素的松弛调整量分别为 s^-、$s_r^{g^+}$、$s_t^{b^-}$。ρ 的分子与分母分别表示DMU实际投入与产出相对于生产前沿的平均可缩减比例与平均可扩张比例，分别代表投入物效率与产出物效率。各决策单元的超效率值可以超过1，从而可以对DMU的效率进行区分。当 $\rho<1$，说明该DMU处于无效率状态；当 $\rho>1$，说明该DMU为有效。

使用超效率SBM模型前需要建立科学客观的效率评价指标体系。指标的选取需要基于以下原则：

①指标的选取应服务于目标；

②尽量全面考虑投入及产出的指标；

③指标的选择必须是数据能够获得且可度量的；

④DMU的数量应大于投入和产出指标数量的3倍，并且大于投入和产出指标数量的乘积。

基于以上原则，选取以下指标：

①投入指标：包括机械投入指标、材料消耗投入指标以及能源投入指标；

②产出指标：包括期望产出指标和非期望产出指标；

③环境指标：包括可能影响企业效率的其他因素同时企业无法控制。

具体如表6-7所示。

建材行业绿色生产效率指标体系　　　　　　　　表6-7

一级指标	二级指标	具体量化指标
投入指标	资本投入	建材企业固定资产投资额、固定资产值、资产值
	劳动投入	建材企业员工数、在岗职工数、劳动报酬总额
	机械设备投入	建材企业设备数量、设备总功率
	原材料投入	各类原材料采购量
	能源投入	各类能源终端消耗实物量、标准量
产出指标	期望产出	建材企业总产值
	非期望产出	CO_2排放量
环境指标	市场环境	市场份额、交易量、同行业企业数量、企业距离市场的运输距离
	经济环境	地区生产总值、企业贷款利率
	政策环境	地区财政一般预算支出

企业的碳配额分配系数 α_j^b 可以简单表示为：

$$\alpha_j^b = \frac{A_j}{\sum_{j=1}^{n} A_j} \qquad (6-19)$$

（2）施工建造企业

与建材企业类似，施工建造企业也可以通过基于投入产出视角的超效率SBM模型测算出不同企业的绿色生产效率，作为在不同企业之间分配碳配额的一种依据。相关的模型设定、指标选取以及分配系数的计算可以参照建材行业。

（3）房地产企业

物业管理属于服务性行业，投入产出活动不明显、可量化的指标少，建筑在运营使用的过程中碳排放的来源更加复杂、途径也更为隐蔽。另外，不同功能的建筑，其运行方式各有特点，反映在用能结构、耗能量、碳排放量也存在着很大差异。因此，对于房地产企业，本书建立配额量与影响因素之间的函数关系来确定配额的分配[82]：

$$CQ_{tnij}^e = \alpha_j^e \left(p_1, p_2, \cdots, p_z\right) CQ_{tni}^e k \qquad (6-20)$$

式（6-20）中，CQ_{tnij}^e 表示 i 省份建筑 j 的免费配额量；k 是月配额免费发放比例（按照上文中的设定即为90%）；分配系数 α_j^e 是各类影响因素 p 的函数。

本书利用文献检索归纳出建筑碳排放配额分配影响因素清单，如表6-8所示。

建筑碳排放配额分配影响因素清单　　　　　表6-8

影响因素	含义	方向
建筑历史排放量	在分配碳排放权益时，引入历史碳排放量，减少下一阶段的所得权益，以便承担起相应的历史责任	+
人均碳排放量	若某地区的该因素指标较高，说明当地居民已享有较多的碳排放权利，为了平衡地区差异，这些地区的建筑应在下一分配周期内减少碳排放额度	+
建筑能耗总量	建筑在上一个分配周期内的累计能源使用量	+
建筑面积	建筑的面积增加，必然带来建筑物用能的增长。为保证建筑物运行环境的舒适标准，要根据已有建筑体量分配相匹配的额度，以免影响正常的公共活动运行	-
能源使用结构	不同地区能源分布不均导致不同地区的建筑使用的一次能源中煤炭、天然气、太阳能、浅层热能的比例有差异，因此需要根据建筑高污染、高能耗能源的消费占比情况调整配额额度，使其自发转向低碳能源结构	+
建筑减排成本	由于经济差异、技术发展差异、能源结构差异和行为意识差异，各地建筑减排边际成本存在差异。将减排成本纳入分配考虑因素，使得目前减排成本较低、减排潜力大的建筑承担更多的减排任务，降低全社会整体减排经济支出	-
建筑内人员密度	对于不同功能的建筑人员密度会有差异，表现在不同时间段建筑内设备、动力系统的使用频率不同，也会影响碳排放情况	-
建筑内设备功率密度	建筑能耗通常是由空调、供暖、照明和生活热水等终端设备消费的，设备系统的功率、能效直接影响消耗量的多少，例如空调的能效比、照明灯具和办公设备的功率等	-
建筑内照明功率密度	照明功率密度是指在达到规定照度值的情况下，每平方米所需的照明灯功率，通过被照空间的所有灯具功率除以空间面积得到，该因素的高低会直接影响消耗电量的多少	-
建筑内新风量指标	建筑物新风系统是用来改善室内空气质量的，根据不同的建筑环境，对新风需求量不同，换气次数也会有所不同	-
室内温度控制	根据《公共建筑节能设计标准》GB 50189—2015中提供的设计参考数据，办公、教学类建筑在工作日的空调设定温度为26℃，供暖温度为20℃；宾馆和住院部类建筑全年空调温度为25℃，供暖温度为22℃；商场类建筑全年空调温度为25℃，供暖温度为18℃，相比办公和教学类建筑的室内温度要求标准相对较低	-

影响因素	含义	方向
当地全年最低温	一般而言，全年最低温越低，当地的建筑对于供暖的需要就越强烈，从而产生更多碳排放	−
当地全年最高温	一般而言，全年最高温越高，当地的建筑对于制冷的需要就越强烈，从而产生更多碳排放	−
当地人均GDP	人均收入越高，减排的经济能力越强，表明有充裕的资金可以引进高水平的减排技术和优化能源经济结构。此外，人均GDP高也会增强对环境产品的支付能力和支付意愿	+
当地居民消费水平	居民消费水平的提高将提高对餐饮、住宿和文体娱乐类等第三产业的服务需求和服务标准，间接增加了公共建筑的能耗和碳排放规模	+

注："+"代表正向，"−"代表负向。若指标属性为正向，表明该指标与地区建筑碳控排的贡献程度为正向对应关系，即指标值越大，控排贡献度越大，分配的配额应越少。

3. 企业碳交易市场行为的监管和规制机制

首先，严格的政府监管与核查是构建高效碳交易市场的制度保障。切实推进监测（Monitoring）、报告（Reporting）、核查（Verification）三位一体的碳排放量化与数据质量保证制度（MRV），结合动态在线监测和核算方法，提高碳排放报告的信度和效度。同时，严厉的行政处罚也是碳交易市场正常运行的基本保障，补偿和罚款等相关标准的调整也是匹配市场供求关系的手段。其次，积极发挥市场调节机制的补充作用。通过价格波动限制和储备配额投放与回购，提升碳交易市场的抗冲击能力。此外，适度的市场化碳金融可以有效激发市场活力，为企业节能减排提供融资服务与资金支持。

4. 企业主体自身碳效率监测管理模式

建立企业碳效率监测管理模式可以通过对比已有的企业经营案例帮助企业在纳入碳排放指标的基础上对内部各项生产经营活动的绩效表现进行定期的监控评估，以便企业能够及时对自身的经营活动进行调整、做出合理的项目投资决策，并在碳市场中采取利益最大化的行为选择。本书构建的企业碳效率监测管理模式主要运用案例推理技术（CBR）结合现有经营案例的数据信息对企业自身经营项目的相关经济参数进行估算，并在此基础上采用超效率SBM模型对企业经营项目的碳效率进行定量监测和评价，同时以定量结果为依据，结合历史案例的经营表现，为企业之后进行的碳交易、碳管理活动提供一定的依据。企业碳效率监测管理模型的框架如图6-6所示。

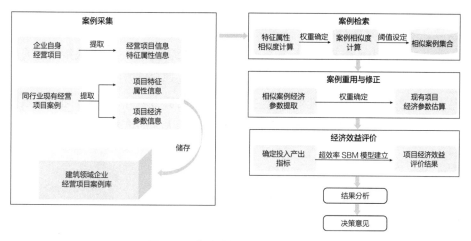

图6-6　企业碳效率监测管理模型

6.4.3 碳交易保障机制

1．增强市场兼容，破除协同发展障碍

尽管短期乃至中长期内地方与全国碳交易市场存在一定矛盾且无法相互替代，政府仍然可以通过一些政策协调两种市场之间的矛盾，增强市场的兼容性。例如在交易规则的制定方面采取"抓大放小"的方法，可以暂时允许地方根据自身发展情况调整碳排放的度量细节，但是市场交易逻辑与测度基本原理必须保持全国统一，从而使地方与全国碳交易市场在执行目标层面保持一致。

2．强化政策约束，规范市场运行

为保障市场的高效运转，政府必须实行公平有效的配额分配、严厉的市场监管和适度的市场调控，包括对企业碳排放和履约等行为的监管、对市场交易过程的监管和对金融机构的监管，以及建立涨跌幅限制、风险警示、异常交易处理等机制稳定碳交易市场运行。同时，进一步完善控排企业和碳交易市场的信息披露制度，充分发挥公众监督对于企业的碳排放、碳交易行为的约束作用，弥补市场监管不力的缺陷。

3. 强化参与主体激励，鼓励人才培养

一方面，应当不断拓展碳交易市场内容，未来可以考虑进一步将负责施工建造和拆除回收阶段的企业以及相关涉及行业一同纳入进来，活跃市场需求，在碳交易市场稳定运行的基础上，丰富交易品种和交易方式；制度设计时要着重拓宽企业，尤其是中小企业参与标准规范制定、市场综合治理、政策决策制定的渠道，搭建多元协商共治平台，建立健全企业意见处理和反馈机制以及涉企政策评估调整程序，充分激发企业的市场主体意识和参与活力。另一方面，可以加强校企合作，鼓励从学校到企业的碳交易、碳管理相关人才的培养。

第 7 章

建筑领域碳金融支持路径

根据住房和城乡建设部数据推算，预计到"十四五"规划末期的2025年，中国绿色建筑市场总规模有望达6.5万亿元，较2020年3.4亿元市场规模增长91%，若每年建设4亿~6亿m²，相应每年的开发投入需要3万亿~5万亿元。面对行业内部巨大的资金需求，选择适合企业的融资路径可以减轻企业经营压力，从而在交易市场中获得更多优势。接下来，本书将从碳金融框架讲起，厘清碳金融与其他相关概念的联系与区别，接着从国际国内碳金融发展现状和政策支持洞悉未来建筑领域融资路径，为企业融资渠道提供参考。

7.1 碳金融发展现状

碳金融市场规模正在不断扩大。目前，已有全球271家商业银行签署了联合国《负责任银行原则》、来自38个国家的126个金融机构宣布采纳赤道原则，美国、加拿大、日本、澳大利亚和欧洲这五个主要市场2020年累计投资总规模达到35.3万亿美元，两年内增长15%，占五大市场资产管理总规模的35.9%。中国也积极推进绿色金融，2017年相继批准七省（区）十地开展绿色金融改革创新试验，同时鼓励碳金融乘数字化建设的"东风"，充分利用数字化赋能碳金融，例如湖州绿色金融改革创新试验区在数字化赋能、碳账户建设、绿色金融激励约束机制等方面的经验做法，已向多地推广。2022年6月末，试验区绿色贷款余额1.1万亿元，在全部贷款中的占比高于全国平均水平2.2个百分点。

然而，由于现阶段中国碳金融还处于发展的初期，内部组成发展快、变化大，所以对于碳金融的概念界定还比较模糊，经常与可持续金融、绿色金融等概念的界定有交叉和重叠，这里首先将各种概念进行汇总区分。

可持续金融目前被现有学者认为是相关概念中涵盖内容范围最广的一个，其定义主要可以从两个角度理解：第一种理解是将环境、社会和治理（ESG）纳入商业决策、经济发展和投资战略的相关活动，如国际货币基金组织（IMF）[①]、欧

盟委员会①和汇丰银行②定义的可持续金融内涵；第二种理解将可持续金融的概念与贫困和饥饿等联合国可持续发展目标③相联系，旨在从协调视角支持可持续发展。

　　绿色金融的概念于20世纪末提出，指的是支持可持续发展项目的各种投融资活动，2016年中国人民银行等七部门在《关于构建绿色金融体系的指导意见》④中将绿色金融包含的项目进一步细化明确，指出绿色金融是以环境改善为目的的金融服务，包括投融资、项目运营和风险管理等。绿色金融是一个宽泛的概念，不仅涉及气候领域，还涉及工业污染防治、水体卫生和生物多样性保护等领域。绿色金融是目前碳市场领域应用较为广泛的一个概念，其主要产品包括：绿色信贷、绿色债券、绿色保险和绿色票据等。

　　环境金融的概念最早于1998年提出，被定义为"金融业为迎合环保产业的融资需求而进行的金融创新"。

　　气候金融产生于联合国气候变化大会的谈判，是与应对气候变化和减缓气候变化相关的金融活动。

　　碳金融包括两方面的活动：一是旨在温室气体减排而对技术、项目的投融资活动；二是以碳排放权为标的的金融融资和支持活动。世界银行在《碳金融十年》中将碳金融定义为"出售基于项目的温室气体减排量或者交易碳排放许可证所获得的一系列现金流的统称"[83]。中国人民银行研究局与中国金融学会绿色金融专业委员会出版的《绿色金融术语手册》（2018年版）将碳金融按照广义和狭义两种范围界定，其中狭义的碳金融是仅包括以碳配额、碳信用等碳排放权为媒介或标的的资金融通活动，而广义的概念除资金的融通活动外将碳汇活动和其他衍生活动也纳入碳金融的范畴。

　　概括来说，以上概念之间相互交织，但侧重有所不同，部分概念具有包含与被包含的关系，具体如图7-1所示。

---

① 欧盟委员会将可持续金融定义为：可持续金融一般是指在金融部门做出投资决定时适当考虑环境（E）、社会（S）和治理（G）因素的过程，从而增加对可持续经济活动和项目的长期投资。

② 汇丰银行将可持续金融定义为：将环境、社会和治理标准纳入商业或投资决策的任何形式的金融服务。

③ 可持续发展目标：2015年9月，联合国可持续发展峰会通过了《2030年可持续发展议程》，以社会、经济与环境为三大支柱，设立了涵盖贫困与饥饿、经济增长、饮用水、资源、能源、气候变化、海洋、化学品和生物多样性等17项可持续发展目标，169项具体目标。

④ 中国人民银行等七部门对绿色金融的定义为：为支持环境改善、应对气候变化和资源节约高效利用的经济活动，即对节能环保、清洁能源绿色基建等领域的项目投融资、项目运营、风险管理等提供的金融服务。

⑤ 《绿色金融术语手册》（2018年版）对碳金融定义为：狭义的碳金融是指以碳配额、碳信用等碳排放权为媒介或标的的资金融通活动；广义的碳金融是指服务于旨在减少温室气体排放或者增加碳汇能力的商业活动而产生的金融交易与资金融通活动，包括以碳配额、碳信用为标的的交易行为，以及由此衍生出来的其他资金融通活动。

图7-1 碳金融相关概念之间的关系

7.2 碳金融工具及其减碳机理研究

碳金融工具减碳主要依托的是碳金融活动过程，通过企业内部的活动以及企业与相关方之间的互动，按照碳市场的相关规则使资金和资本流转、创造价值，从而达到减排目的。碳金融活动即旨在为发展低碳产业的企业提供政府之外的更多资金支持的活动，包括碳质押、碳回购和碳托管等等，并且在此基础上发展出碳配额质押、CCER质押等更多细分类别。

从产品层面来看，碳金融工具主要包括三个层次：

（1）碳市场交易工具：包括碳现货和碳期货两部分，其中前者是狭义碳金融的主要组成部分，又称为碳金融原生工具，主要指以碳排放配额和核证自愿减排量为标的达成交易，完成资金的流动；后者主要是碳排放权在期货市场上的应用，即通过合约方式买卖配额或减排量，达到稳定价格、分散风险的目的，包括碳期货、碳期权、碳远期、碳掉期、碳指数交易产品和碳资产证券化（包括碳基金和碳债券）。

（2）碳市场融资工具：是企业碳资产保值增值的主要途径，通过债务融资、回购安排以及委托管理等手段，拓宽企业的融资渠道，具体产品包括碳质押、碳回购、碳基金和碳托管。

（3）碳市场支持工具：主要是企业分析市场和监测市场趋势的工具，也为企业提供风险管理等服务，包括碳指数和碳保险两个产品。

各碳金融工具对比见表7-1。

各碳金融工具对比

表7-1

碳金融工具	碳市场交易工具							碳市场融资工具				碳市场支持工具	
	碳现货	碳期货	碳期权	碳掉期	碳指数交易产品	碳资产证券化	碳远期	碳质押	碳回购	碳基金	碳托管	碳指数	碳保险
	二级市场						场外交易						
主要市场	场内交易，其中场外碳掉期和场外碳期权为场外交易						场外交易	融资服务市场				支持服务市场	
主要参与者	控排企业，降碳非控排企业、金融机构、个人投资者等						控排企业，降碳非控排企业、金融机构等	控排企业、商业银行等				控排企业、咨询公司、保险公司等	
运用地区	—	—	试点：北京	试点：北京	试点：广东、湖北；非试点：福建	试点：深圳、湖北	试点：上海、广东、湖北	试点：北京、上海、深圳、广东、湖北；非试点：福建	试点：北京、上海、深圳、广东、湖北；非试点：福建	试点：深圳、湖北	试点：深圳、广东、湖北；非试点：福建	试点：北京、广东	试点：湖北
市场需求度	高	高	高				中			中			
规模带动力	强	弱	弱	弱	弱	弱	弱	弱	弱	弱	弱	弱	弱
市场发育度	高	较低	较低			高	高			高		较低	较差
风险可控度	较好	较好	较差			较好	较差			较好		较差	弱

资料来源：亿欧智库，平安证券，作者整理。

就碳金融涉及的两项金融活动——投资活动和融资活动作用机理，本书以几种主要的碳金融融资产品为例进行重点分析，具体如下：

1. 碳质押

碳质押是指将碳资产进行质押而获得融资的活动，通常包括碳配额质押和CCER质押两种方法，前者以拥有的碳配额为标的出质（图7-2），而后者则以中国核证资源减排量（CCER）为标的进行质押，上海碳市场CCER质押业务模式中，企业、金融机构与上海环境能源交易所共同签署三方协议后，应当向上海环境能源交易所申请办理CCER冻结登记，当质押合同终止时，再办理解除冻结手续（图7-3）。

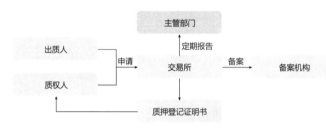

图7-2　碳配额质押流程
（资料来源：上海环境能源交易所）

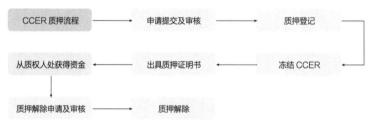

图7-3　CCER质押流程
（资料来源：上海环境能源交易所）

2. 碳回购

碳回购是指符合条件的个人或机构投资者控排单位，通过在期初出售一定数量的碳配额并且在约定期限届满后回购碳配额以取得短期资金流的活动（图7-4）。

图7-4　碳配额回购流程
（资料来源：上海环境能源交易所、北京绿色交易所）

3. 碳信托

碳信托是信托业务在碳市场中的应用，可以帮助企业进行融资和碳资产管理（图7-5）。

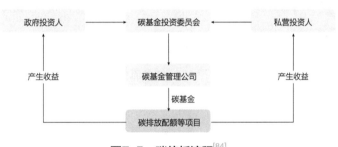

图7-5　碳信托流程[84]

4. 碳债券

碳债券指以碳减排项目为标的而发行的债券（图7-6）。

5. 碳基金

碳基金指的是与碳减排项目相关的基金投资，企业将资金交予基金管理公司，投资减排项目产生收益后参与分成（图7-7）。

6. 绿色投资计划（Green Investment Schemes，GIS）

GIS就是一种有效的融资工具，指的是企业将分配到的碳排放权卖出，将获得的资金用于开发促进环境绩效、发展绿色产业和减少环境风险的项目。

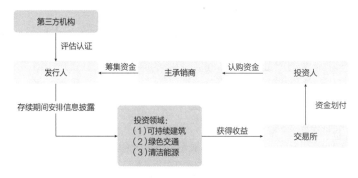

图7-6 碳债券流程

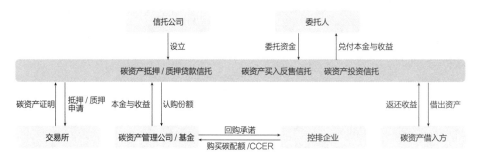

图7-7 碳基金流程

7.3 建筑领域碳金融工具应用现状

　　各国企业通过灵活使用碳金融工具，不仅获得了持续融资和资金流，同时提高了能源效率和持续收益。通过各企业对碳金融的实践探索和各国政府的政策建设，全球碳金融市场在绿色、可持续方面的投资规模取得了显著增长，各类碳金融产品开始从理论走向市场，政策激励与规范也逐渐步入正轨。

　　从碳金融工具的运用情况看，目前中国碳金融市场仍然以现货市场发展为主，但是未来期货市场的不断创新将为碳金融带来巨大推动力。2000年4月，世界银行首个碳基金PCF成立运行，在之后的2003—2009年间，CDM和JI的累计交易额达到了270亿美元。此外，碳市场支持工具也有着明显增长，据中国保险业协会统计，2018—2020年保险业累计为全社会提供了45万亿元保额的绿色保险保障，支付赔款534亿元，发挥了绿色保险的风险保障功效；截至2020年末，保险资金运用于绿色投资的存量规模有5615亿元，较2018年增长了40%以上，但仅占2020年末中国保险业资金运用余额21.68万亿元的2.6%，未来增长潜力巨大。2022年6月末，中国人民银行通过两项工具分别向金融机构发放低成本资金1827亿元和357亿元，支持金融机构发放相关贷款3045亿元和439亿元，带动减排CO_2当量逾6000万t；绿色债券存量规模1.2万亿元，位居全球第二位，中国绿色金融市场对全球的吸引力和影响力不断提高。

从碳金融运行管理看，自2005年发布《国务院关于落实科学发展观加强环境保护的决定》后，国家对于资本支持环境保护及"双碳"目标的达成提供了大量的政策鼓励，尤其近几年更是在加速碳金融领域监管和信息披露等方面发布了一系列相关规定，使得碳金融规范逐渐向国际可持续发展活动分类、绩效评价标准分类等标准靠拢；对于各类绿色金融风险管理，《关于构建绿色金融体系的指导意见》高度重视环境风险监测与管理，有序推进气候变化相关金融风险防控，中国人民银行组织23家全国性银行机构分行业开展气候风险敏感性压力测试，在试点省份开展高碳行业压力测试，为有序防范气候相关金融风险探索有益路径。

然而现阶段，中国碳金融市场的发展还存在一些阻力。首先，在管理和运行等方面的规定实施范围还比较有限，据《2021中国上市公司碳信息透明度》报告，截至2021年7月31日，联交所、上交所和深交所上市主体中，共有732家企业披露了气候变化和碳减排相关内容，占发布报告的上市主体总数的五分之一，这一比例还处于较低水平；其次，碳金融工具还需进一步专业化和精细化，华夏新供给经济学研究院院长、财政部财政科学研究所原所长贾康表示，整个碳排放交易体系应当有更合理的互动，碳交易市场应当对碳金融发展有更好的呼应。

就碳金融政策支持方面而言，现行阶段，中国鼓励大力发展碳金融，不断丰富碳金融工具，扩大碳金融使用主体和使用范围，国家和地方相继出台支持性政策文件，助力碳金融发展。国务院常务会议决定，2021年11月，中国人民银行联合国家发展改革委、生态环境部创设碳减排支持工具，初始发放对象为21家全国性金融机构，明确支持清洁能源、节能环保、碳减排技术三个重点减碳领域。相关政策总结见表7-2。从表中可以看出，2005年起，国家就开始用政策导向鼓励企业进行环保领域投资，同时从碳金融市场机制和碳金融工具两方面着手不断规范碳金融市场。而近几年，政策也开始关注市场运行规范方面的问题，加大对信息披露和金融风险的控制。

总体来说，中国碳金融正处于发展的起步阶段，发展速度快，但是由于相关政策及产业仍在探索合适的发展道路，碳金融的发展在短期内受到一定限制。正如中证网在《2022年经济金融展望报告》中指出，未来碳金融可能成为重要的创新点。

碳金融相关政策支持

表7-2

政策	时间	部门	重点内容
《国务院关于落实科学发展观加强环境保护的决定》	2005年	国务院	鼓励资本参与环保产业的发展，完善多元化环保投融资机制
《国务院关于进一步促进资本市场健康发展的若干意见》	2014年	国务院	发展碳排放权等交易工具
《生态文明体制改革总体方案》	2015年	国务院	首次明确提出搭建好绿色金融体系战略的基础性框架
《关于构建绿色金融体系的指导意见》	2016年	中国人民银行等七部门	构建绿色金融体系，支持和鼓励绿色投融资；积极支持符合条件的绿色企业上市融资和再融资，支持开发和发展各类碳金融产品；推动建立环境权益交易市场，逐步建立和完善强制性环境信息披露制度
《绿色投资指引（试行）》	2018年	中国证券投资基金业协会	基金管理人应当根据自身条件，采用积极的方式开展绿色投资活动，促进高效低碳发展
《关于构建现代环境治理体系的指导意见》	2020年3月	中共中央办公厅、国务院办公厅	建立上市公司和发债企业强制性环境治理信息披露制度
《国务院关于加快建立健全绿色低碳循环发展经济体系的指导意见》	2021年2月	国务院	鼓励发展绿色信贷和绿色直接融资，完善绿色认证体系
《碳排放权登记管理规则（试行）》《碳排放权交易管理规则（试行）》《碳排放权结算管理规则（试行）》	2021年5月	生态环境部	规范碳排放权登记、交易和结算账户管理和运行维护

续表

政策	时间	部门	重点内容
《工业和信息化部 人民银行 银保监会 证监会关于加强产融合作推动工业绿色发展的指导意见》	2021年9月	工业和信息化部等四部门	发挥多元化、多层次金融体系功能作用，加强间接融资与直接融资联动，形成长期稳定投入机制。综合考虑扩大绿色信贷投放、提高直接融资便利度，创新绿色产品和服务等八个方面制定未来的碳金融制度
中国人民银行推出碳减排支持工具	2021年11月	中国人民银行	通过"先贷后借"的直达机制，对金融机构向碳减排重点领域内企业发放的符合条件的碳减排贷款，以较低利率提供资金支持
《气候投融资试点工作方案》	2021年12月	生态环境部等九部门	鼓励试点地方金融机构安有序探索开展包括碳基金、碳资产质押贷款、碳保险等碳金融服务，切实防范金融风险；指导试点地方强化企业碳排放核算的监督与管理
《促进消费投资增长 实现经济平稳高质量运行》	2022年5月	中国人民银行研究局课题组	增强碳市场流动性，提升碳市场定价效率，提升碳核算能力和数据质量；积极研究发展与碳排放权挂钩的各种金融产品

2021年国务院《2030年前碳达峰行动方案》将能源、工业、建筑、交通作为碳达峰碳中和政策体系实施过程中的重点领域。中国碳金融投融资主要集中在绿色交通运输、可再生能源等领域的项目，而国际上碳金融较为领先的欧美国家投融资领域更为多元，除交通和能源项目外，建筑也成为主要投向之一。所以可以预计的是，随着碳金融相关政策开始显现其积极的支持作用，以及碳市场整体发展的不断深化，未来中国碳金融发挥的重要作用将不仅仅局限于电力行业，建筑领域也能够充分获得碳金融为企业减碳创造价值增值带来的巨大优势。具体而言，通过分别分析碳金融政策支持、碳金融市场参与主体情况以及碳金融三类工具的运用情况现状和现有案例，我们可以有力地支撑上面的预测。

如图7-8所示，就参与市场主体而言，建筑领域企业主要作为碳金融市场的需求方，现阶段纳入碳市场的行业为水泥行业和建材行业，而建造行业与房地产行业的企业目前还没有大规模进入碳市场。另一方面，碳金融市场的供给方主要包括交易所、银行、证券公司、碳汇交易平台、碳资产管理公司和碳咨询公司几大类，分别为企业碳金融业务提供主要交易场所及其他衍生服务。

图7-8 建筑领域参与市场主体
（资料来源：英大证券，公开资料整理）

将建筑领域企业划分为建材行业企业、建造行业企业以及房地产行业企业，每个细分行业参与碳金融的情况及主要案例列举如表7-3所示。在运用工具的市场主体方面，尽管建材和水泥属于纳入碳金融市场的两个行业，但是建造企业近两年探索碳金融的项目不断增加，出现了诸如中建一局和中建七局的定向支持项目。建筑领域从碳金融工具的使用情况看，绿色信贷仍然是建筑领域在碳金融市场中融资运用的主要方式，但是绿色信贷要求建筑企业有相应的绿色建筑评级或

建筑领域企业碳金融工具使用情况　　　　表7-3

碳金融工具	所处行业	
	建材行业	建造行业
绿色信贷	云南：陆良县智能环保多位一体建材产业园项目	四川：天府国际动漫城 佛山：某陶瓷公司
碳基金	湖北：武汉碳达峰基金	浙江：景顺集团，绿色交易型指数基金
碳质押	四川：成都兴城集团下属子公司成都兴城资本管理有限责任公司	—
绿色债券	—	四川：成都天府国际机场
碳保险	—	四川：天府国际动漫城
资产证券化	—	四川：嘉实资本中节能绿色建筑资产支持专项计划（成都国际科技节能大厦） 中建一局：深圳德远商业保理有限公司2021年度中建一局1号供应链绿色定向资产支持商业票据信托 中建七局：中建2号20期工程尾款绿色资产支持专项计划

注：房地产行业企业暂时未有相关案例，故未列入表格中。

绿色建筑设计评级，而获得评级的时间滞后于企业需要融资的时间，成为目前企业应用绿色信贷的一大制约因素。

　　鉴于此，近几年碳基金和碳质押等在建筑建设和建材行业有不断创新的发展趋势，而且能将碳保险等工具有效地与绿色信贷结合，从而克服绿色信贷的劣势，在增加建筑领域企业融资渠道的同时可以很好地分散金融机构和银行的风险。在这一方面，兴业银行的成效较为明显，为建筑领域企业参与碳金融创新了丰富的融资手段，例如2022年6月为四川天府国际动漫城提供带有"绿色建筑性能责任险"的绿色贷款；2022年8月向成都兴城集团下属子公司成都兴城资本管理有限责任公司发放碳减排项目质押贷款100万元，开辟全流程绿色审批通道，仅用时两周便落地该贷款。

7.4　基于碳金融支持的建筑领域减碳路径

　　综合碳金融发展现状及对建筑领域碳金融工具的应用预测，本书认为建筑领域企业实现碳金融减排需要政府和企业的协同作用。政府一方做到适当介入，平衡市场带动和政策引导之间的关系，企业一方创新地适应政策变化方向，做出新导向下的战略调整，从而共同实现"价值创造"框架下企业的"盈利—成长—风险控制"动态平衡。具体而言，建筑领域可以通过以下几条路径的共同作用提高碳金融支持水平。

7.4.1 碳金融工具支持

首先，根据企业自身需求灵活搭配利用碳金融工具，拓宽企业资金来源。目前碳金融可以为企业带来的融资渠道主要包括政府投融资、股票/债券融资、金融机构融资、供应链融资以及合同能源管理模式融资几种，具体梳理如表7-4所示。其中，政府投融资主要模式有政府自建自营、政府债券和平台公司融资三

建筑领域碳金融融资渠道梳理　　　　　　　　　　表7-4

融资渠道	融资形式	融资特点	典型案例
政府投融资项目	平台公司融资	长期合作，企业与政府之间关系稳定，融资成本低	绿色建筑企业天友；怒江国际农旅PPP项目；中建五局重庆龙洲湾隧道PPP项目ABCP
	政府财政补贴	以政府信用为基础，通过政府融资平台筹集资金，融资规模有限	北京市：LEED认证奖励；天津市：三类产权的旧楼区改造项目
股票/债券融资	上市流通股票或债券、股东投入	对企业资质要求较高，非上市公司难以获得大量资金	中国建筑（601668）；北新建材（000786）广州：历史建筑农荫厅
通过金融机构融资	通过金融机构发行信托、保险等有价证券	融资规模可根据项目规模调整，融资周期较长，发行条件严格	恒隆地产中期绿色票据；湖州银行绿色建筑与建筑节能信贷；青岛超低能耗建筑保险；国家各级绿色产业投资基金；苏州东吴苏园公募REITs；国泰君安—山东海发国际航运中心绿色建筑资产支持专项募集资金
供应链融资	利用核心企业在银行授信作为担保，与上下游企业通过责任捆绑	准入门槛低，融资更灵活便捷	中建五局；广东省建筑工程集团有限公司；中豫建设投资集团股份有限公司

续表

融资渠道	融资形式	融资特点	典型案例
合同能源管理模式（EMC/EPC）	节能服务公司签订节能服务合同提供融资，最终从项目节能收益中收回投资、获取利润	以项目资产与未来收益作为融资的担保，转移融资风险	上海：市东医院合同能源管理节能改造项目

资料来源：北京大学国家发展研究院，转引自鲁班研究院，作者整理。

种，企业可以参与政府投融资项目，达到低成本获取收益的目的，很好地弥补股权融资的不可逆性和债券融资的利息负担性。股票/债券融资相对其他融资方式更加常见，相比需要金融机构参与的间接融资，这种融资方式无须向金融机构支付手续费，融资成本更低。但同时，由于担保力度不够、上市等待期长且审核严格，这种融资方式经常难以取得长期、大额的资金来源。作用相似的是金融机构融资，但是这种方式同样周期较长，且审核相对严格。供应链融资作为一种近几年新发展起来的融资方式，使建筑产业链中的上下游企业责任捆绑更加紧密，只需核心企业担保，降低了一些中小企业融资的准入门槛与条件。合同能源管理模式（EMC或EPC）下，节能服务公司（ESCO）采取"投资、建设、运营、管理、收费"的商业模式，解决了早期项目资金的问题，并且使用服务的企业或个人可以直接根据服务效果付费，而不必担心信用问题。但是节能服务公司以民营企业为主的特点可能使有资金需求的企业想要在占比较小的EMC市场中求得融资具有一定困难。

其次，合理分配碳资产以产生更多未来收益。碳资产的收益主要来自三个方面：①项目产生的减排量；②碳资产价格；③购买期限的长度，极少有买家愿意承担长期购买协议的风险。企业应当利用好碳资产管理的手段，从企业整体出发，合理分配碳资产，从而实现整个企业的碳减排并获得减排带来的收益。

7.4.2 碳金融战略支撑

企业根据现行政策的大方向积极调整自身经营战略，以及企业内部各业务经营结构，充分依托国家和地方激励政策提前布局相关业务。尽管中国现在仍处于碳金融发展的初期，但是各大政策对于碳减排持鼓励的基本态度短期内不会有重大变化，并且现阶段中国还将大力发展绿色保险、绿色信托等新的金融产品，同时也注重加强监管制度建设，如中国人民银行牵头出台的《关于构建绿色金融体系的指导意见》指出"积极发展转型金融，研究推出转型金融标准，丰富转型金融产品供给，确保公正转型和经济高质量发展"等规划。并且未来逐步将石化、化工、建材、钢铁、有色等行业纳入碳市场，这为建筑行业企业利用碳金融获得融资提供了持续保障。

为保证企业依托相关政策实现二次增长的过程平稳有序，政府应该尽可能准确地把握政策引导市场的时机，扩大低碳领先企业的竞争优势，减少决策波动带来的市场波动风险。首先，政策实施应该以扩大低碳企业竞争优势为目标。实现此目标的基础是尽快制定统一的市场标准，包括碳核算、碳监测等标准，在全国范围推行统一的行业碳减排额度，降低套利的可能，从而增强对积极减排企业的激励效果。其次，政府还应该尽量减少市场波动风险。由于现阶段中国碳金融市场仍处于起步阶段，完全依靠市场调节是不现实的，预期在较短的未来，中国碳金融市场仍然主要依靠政策管理，所以目前只有上海这一试点采用纯市场机制运作，其他各试点皆保留有政府干预机制。因此现阶段政策实施除了关注"实施什么政策"，还应该重视"何时实施"的问题，需要审慎平衡市场带动与政策引导之间的关系，在扩大主体积极性的同时保证市场平稳有序运行。

7.4.3 碳金融风险控制

中国仍处于碳金融发展的初期，在碳金融工具丰度、使用主体范围等方面有待进一步扩大，导致企业在选择融资路径时受到范围限制，从而不能很好地达到分散风险、提高流动性的目的。因此现阶段碳市场中的建筑领域企业应当注重从企业内部实行碳金融风险管理，将风险管理与融资创新发展置于同等重要的位置，从而避免企业因为过于深入地参与碳金融市场而陷入财务危机。这其中最重要的是警惕碳资产项目研究开发能力不足导致的项目失败风险。虽然相关政策的支持以及碳金融流程制度的完善对碳资产项目的未来收益起到了重要作用，但是项目本身的性质才是关键。对于建筑领域的企业来说，特别是建造企业，碳资产项目往往创新投入大、回报周期长，使得建筑领域中的碳金融项目不确定性更强，许多项目往往由于后期创新能力不足，无法与创新需求相匹配，导致即使有相关政策的支持，也仍面临失败。

第 8 章

建筑领域碳资产专业化
管理体系

8.1 碳资产管理内涵与发展沿革

8.1.1 碳资产管理内涵界定

随着碳市场发展的日益深入，对碳资产的管理也逐渐上升为与碳交易并列的第二大碳市场功能，越来越受到各利益方的关注。碳资产管理能够进一步完善碳市场机制，帮助重点行业企业降低履约成本，同时增加碳市场金融属性，拓宽主动控排企业的融资渠道，提高其技术投入后的盈利能力，实现碳资产的保值增值。作为碳市场的两大功能，碳资产管理和碳交易在应用主体、标的、目的和企业偏好方面有一定差异，具体见表8-1。从表8-1中可以看出，碳交易的目的在于利用市场形成公允的价格，而碳资产交易的重点则是一种对碳资产更加综合、全方位的管理，并且旨在不断发现新的资产价值和企业价值；从风险偏好方面看，碳资产管理更适合风险厌恶或者对风险偏好较低的企业，因此相比碳交易可以是一种更稳定、更日常化的市场功能。

碳市场两大职能：碳交易与碳资产管理 表8-1

项目	碳交易	碳资产管理
主体	控排企业和碳资产服务机构 金融机构和碳控排企业 金融机构之间	金融机构和碳控排企业 碳控排企业和碳资产服务机构
标的	碳现货和碳期货	碳资产管理工具
目的	形成公允的配额价格	管理、盘活碳资产
使用企业	风险偏好较高	风险偏好较低

资料来源：市场公开资料整理。

碳资产的内涵随着学术界和产业界认识的深入也在不断丰富。中国碳排放交易网指出："碳资产指碳交易机制下产生的，代表温室气体许可排放量的碳配额，以及由减排项目产生并经特定程序核证，可用以抵消控排企业实际排放量的减排证明。"这里的碳资产仅仅包含有形的碳配额和其他减排证明，属于狭义的碳资产。而中国证监会在《碳金融产品》行业标准中扩大了其定义，"碳资产是由碳排放权交易机制产生的新型资产"，使得碳资产不仅包含有形的碳配额和自愿减排证明，还包括获得碳配额过程中同时产生或利用到的各种无形资产，例如技术、管理等。综上所述，本书定义碳资产为由碳市场机制衍生出的碳配额等有形资产以及与碳排放权无直接关系但同样代表控排企业价值的技术、设备、管理等无形资产。

相应地，我们也将拓展碳资产管理的内涵，将碳资产管理定义为对碳资产的识别、定价、项目开发以及对相关固定资产和人力资源的规划、控制的一种综合管理，并由此将碳资产管理的内容划分为碳资产识别、碳资产价值创造以及相关管理三部分。

8.1.2　碳资产管理发展沿革

总体来说，国内外碳资产管理发展历史都比较短（图8-1）。1996年全球第一家完整意义上的碳资产管理公司Best Foot Forward成立，主要从事的是碳足迹咨询；2015年欧盟开始有计划地推进碳市场创新基金的设立，将碳管理拓展到开发和创新的阶段；近期，随着Watershed等公司的成功融资以及碳管理初创公司Greenly获得A轮融资，全球碳市场出现了一批明星级碳管理公司。中国碳资产管理起步稍晚，2008年才出现一些专业的CDM项目管理公司，可以称作国内碳资产管理公司建立的起点；随后的几年，五大发电集团先后完成碳管理公司的建设；而2022年成为中国碳资产管理迅速发展的一年，工业和信息化部倡导大力推进数字化碳管理体系建设，地方碳管理研究中心、体系加快建设，以上海环境能源交易所为代表的市场主体积极参与制度建设与完善。

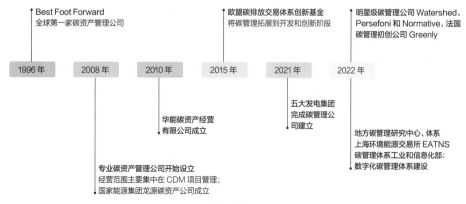

图8-1　碳资产管理发展沿革

8.2 建筑领域碳资产识别及其减碳机理

本节在提出碳资产定义的基础上，将企业碳资产划分为有形资产和无形资产，作为碳资产识别的起点，进一步确定碳资产价值，从定量的角度帮助企业实现碳资产的管理。

8.2.1 碳资产识别

根据上文给出的碳资产定义，以下几类可以直接归入碳资产的范围：
①碳排放权，包括碳配额、碳信用等；
②节能减碳设备；
③节能减碳技术；
④碳金融资产，包括碳期货、碳期权等。

建筑领域不同行业企业间碳资产具体内容有一定区别，下面按照行业划分分别列举不同行业碳资产及其可能的来源部门（表8-2）。

碳资产数据来源 表8-2

碳资产数据来源	所处行业		
	建材企业	建造企业	房地产企业
有形资产	碳排放权	碳排放权	碳排放权
	节能减排设备：设备部门	节能减排设备：设备部门	节能减排设备：设备部门
无形资产	低碳理念、低碳战略、低碳管理制度：管理层	低碳理念、低碳战略、低碳管理制度：管理层	低碳理念、低碳战略、低碳管理制度：管理层
	供应链管理体系、生产计划书：规划发展部门、采购部门	供应链管理体系、生产计划书：规划发展部门	供应链管理体系、生产计划书：规划发展部门
	低碳管理人才：人力资源部门	低碳管理人才：人力资源部门	低碳管理人才：人力资源部门
	低碳采购渠道、指南等：采购部门	低碳采购渠道、指南等：采购部门	低碳采购渠道、指南等：采购部门

续表

碳资产数据来源	所处行业		
	建材企业	建造企业	房地产企业
无形资产	低碳定价策略、低碳营销网络、低碳分销渠道、碳标签、企业低碳形象、低碳认证、低碳品牌等：销售部门	节能减排技术：技术部门	房地产项目日常维护、低碳措施：项目部门
	节能减排技术：技术部门	建筑数字技术：设计部门	
		低碳施工方案、设备管理体系、能源管理体系、低碳化教育、"五控二管一协调"制：项目部门	

8.2.2　碳资产估值

在 B–S 模型市场无摩擦、价格随机游走、市场无风险利率已知以及忽略交易成本的基本假设下，直接碳资产价值由碳资产产生的不同期限的期权价值得到，随后汇总到业务层面。理想状态下，建筑领域目前纳入全国碳市场以及碳市场试点的行业（例如水泥行业和建材行业）基本符合模型假设。具体计算表达式如下：

$$V = S_0 \left[N(d_1) \right] - X e^{-rt} \left[N(d_2) \right] \qquad （8-1）$$

$$d_1 = \frac{\ln(S_0/X) + (r + \sigma^2/2)t}{\sigma\sqrt{t}}, \ d_2 = d_1 - \sigma\sqrt{t} \qquad （8-2）$$

其中，V 为看涨期权的当前价值；S_0 为标的股票的当前价格；$N(d)$ 为标准正态分布中离差小于 d 的概率；X 为期权的执行价格；e 为自然对数的底数，约等于2.7183；r 为连续复利的年度无风险利率，计算方法为 $r = \dfrac{\ln\left(F/P\right)}{t}$，其中 F 表示终值，P 表示现值，t 表示以年衡量的时间；t 为期权到期前的时间；$\ln(S_0/X)$ 为 S_0/X 的自然对数；σ^2 为股票回报率的方差，计算方法为 $\sigma = \sqrt{\dfrac{1}{n-1}\sum\limits_{t=1}^{n}\left(R_t - \overline{R}\right)^2}$，其中 R_t 代表股票回报率的连续复利。

间接碳资产利用灰色关联分析法求得企业层面价值。灰色关联分析法的核心思想为：已知企业可以计算的直接碳资产的价值，通过分析间接碳资产对直接碳资产价值的贡献程度，从而推断出间接碳资产的价值。借鉴刘鹤（2017）[85]和江玉国等（2015）[86]的研究，本书按照指标类型计算指标评价值，然后将各指标评价值做归一化处理，使指标值处于[0,1]之间。

设某年企业某指标最大值为 $I_{\max}$，最小值为 $I_{\min}$，则正向指标评价值为 $K_i = \dfrac{I_i - I_{\min}}{I_{\max} - I_{\min}}$，逆向指标评价值为 $K_i = \dfrac{I_{\max} - I_i}{I_{\max} - I_{\min}}$，定性指标评价值为 $K_i = V_i \times W_j$，其中 V_i 表示调研或访谈得到的评价（非常好、较好、一般、较差、非常差）量化数值，$V_i = \dfrac{n_i}{N}$，$i = 1,2,3,4,5$，n_i 和 N 分别代表给予某一指标的评价等级的人数和调查总人数；W_j 表示赋予每个评价指标的权重。

下面分别计算相似性关联因子 ε_{0i} 和相近性关联因子 ρ_{0i}，进而计算出间接碳资产对直接碳资产的贡献度 δ_{0i}。设 $x_0 = \left\{ x_0(1), x_0(2), \cdots, x_0(t) \right\}$ 为直接碳资产价值时间序列，$x_i = \left\{ x_i(1), x_i(2), \cdots, x_i(t) \right\}$ 为第 i 种间接碳资产价值时间序列。

1）计算相似性关联因子：

t 时刻 $x_0(t)$ 和 $x_i(t)$ 的相似性关联因子为

$$r\left(x_0(t), x_i(t)\right) = \left[1 + \left\| \left| \frac{a^1\left(x_0(t)\right)}{\sigma_{x_0}} \right| - \left| \frac{a^1\left(x_i(t)\right)}{\sigma_{x_i}} \right| \right\| \right]^{-1} \tag{8-3}$$

其中，$a^1\left(x_0(t)\right)$ 和 $a^1\left(x_i(t)\right)$ 分别表示直接碳资产价值序列和间接碳资产价值序列的一阶差分，σ_{x_0} 和 σ_{x_i} 分别表示两种碳资产在计量日期内的方差。

进一步计算序列间相似性关联因子为

$$\varepsilon_{0i} = \frac{1}{n-1} \sum_{t=1}^{n-1} r\left(x_0(t), x_i(t)\right) \tag{8-4}$$

2）计算相近性关联因子：

首先计算 $x_0(t)$ 与 $x_i(t)$ 两个序列之间的距离

$$\Delta x_{0i}(t) = x_0(t) - x_i(t) \tag{8-5}$$

根据序列间距离得到序列间面积

$$\theta\left(x_0(t), x_i(t)\right) = \begin{cases} \left[1 + 0.25\left\|\dfrac{\left|\Delta x_{0i}(t)\right|}{\Delta t} + \dfrac{\left|\Delta x_{0i}(t-\Delta t)\right|}{\Delta t}\right\|\right]^{-1}, & \Delta x_{0i}(t)\,\Delta x_{0i}(t-\Delta t) < 0 \\[4pt] \quad \text{且}\left\|\Delta x_{0i}(t)\right| - \left|\Delta x_{0i}(t-\Delta t)\right\| < \min\left(\left|\Delta x_{0i}(t)\right|, \left|\Delta x_{0i}(t-\Delta t)\right|\right) \\[4pt] \left[1 + 0.5\left\|\dfrac{\left|\Delta x_{0i}(t)\right|}{\Delta t} + \dfrac{\left|\Delta x_{0i}(t-\Delta t)\right|}{\Delta t}\right\|\right]^{-1}, & \text{其他} \end{cases}$$

$$(8\text{-}6)$$

进而得到相近性关联因子为

$$\rho_{0i} = \frac{1}{n-1}\sum_{t=1}^{n-1}\theta\left(x_0(t), x_i(t)\right) \qquad (8\text{-}7)$$

3）计算贡献度：

$$\delta_{0i} = \delta\left(x_0,\ x_i\right) = \left(\frac{1-\varepsilon_{0i}}{\rho_{0i}} + \varepsilon_{0i}\right)^{-1} \qquad (8\text{-}8)$$

4）计算间接碳资产价值：

将上述贡献度视作每一种间接碳资产价值的权重，分别与直接碳资产相乘，即得每一种间接碳资产价值。公式如下：

$$V_i = \frac{\delta_{0i}}{\sum\limits_{j=1}^{n}\delta_{0j}} \times V \qquad (8\text{-}9)$$

5）根据计算出的碳资产价值制定企业碳资产管理规划。

从上一步可以看出，直接碳资产和间接碳资产是企业之间低碳价值存在差异的原因，而直接碳资产是企业内部部门之间减排价值差异的主要原因。因此，根据行业平均情况与企业碳资产价值对比，可以判断企业在行业中所处地位以及未来整体发展战略；根据企业隐含碳排放对比，可以用以处理企业的供应链关系；根据企业内部各业务活动之间期权价值的差别，可以判断企业减排能力最强的业务，从而规划未来将着重发展的业务。

8.3 建筑领域碳资产管理模式及其应用现状

8.3.1 典型碳资产管理模式介绍

目前，碳资产存在三种管理模式，分别为设立碳资产管理部门、成立碳资产管理公司以及聘请第三方管理机构。三种模式的特点以及优劣势见表8-3。

碳资产管理模式　　　　　　　　　表8-3

模式	特点	优势	劣势	案例
碳资产管理部门	统筹协调整个集团的碳资产数据、交易等，对自身及下属企业提供建议和技术支持	便于统一开展工作	公司上下层级协调较难	跨国房地产公司Hines
碳资产管理公司	对碳资产进行全面综合管理，范围更大	对集团自身情况较为了解，同时具有一定独立性，可以针对集团自身情况做出相应方案	可能缺乏对行业的整体把控	中建碳资产管理有限公司
第三方管理机构	第三方机构负责搜集分析并提出建议	专业性更强，对行业更为了解	削弱公司对碳资产管理的控制权	东方雨虹（天津）碳资产管理有限公司、大唐碳资产有限公司

资料来源：根据市场公开资料整理。

从表8-3可以看出，在公司内部成立碳资产管理部门或者碳资产管理子公司可以便于公司统筹碳资产管理与其他部门工作，使得碳资产管理成果更好地融入公司价值创造的活动中，而且相对于聘请第三方碳资产管理机构，当碳资产管理隶属于公司总部时，从事碳资产管理工作的人员可能更熟悉建筑领域企业的特点，从而更容易根据企业特点制定出符合建筑领域碳市场发展阶段的碳管理组合。与此同时，公司内部部门或者下属子公司的从业人员可能由于长期仅接触建筑领域相关市场，导致缺乏创新应用碳资产管理工具和碳金融工具实现对碳资产的保值增值的动力，而聘请第三方管理机构管理碳资产就能较好地解决这一问题，尽管公司可能会失去更多对碳资产管理活动的控制。

根据生态环境部2022年12月发布的《全国碳排放权交易市场第一个履约周期报告》，2019—2020年度纳入全国碳市场的2162家发电行业企业中，超过80%的重点排放单位设置了碳资产管理专职人员，其中15%设置了10人以上的碳资产管理团队。由此说明，在建材行业等建筑领域行业逐步纳入全国碳市场体系后，碳资产管理的规模也将随之上升，并且公司内部设立碳资产管理部门和管理子公司将成为建筑领域企业碳资产管理主要模式。

8.3.2　建筑领域碳资产应用现状

目前，一些企业灵活运用碳资产管理的三种模式，从人才引进和技术改进方面积极探索碳资产管理，比如跨国房地产公司Hines新设首席减碳官岗位，充分考虑建筑物建造阶段和运行阶段的碳排放和隐含碳排放，又如中材碳资产管理有限公司和东方雨虹（天津）碳资产管理有限公司负责专业的碳减排、碳转化、碳捕捉和碳封存技术转化等技术上的改进服务。现将比较典型的成功实践案例列举如表8-4所示。这些企业的碳资产管理都取得了一定的成效，通过专业的管理降低建筑在建造和运行阶段的能源消耗，显著降低了企业经营成本，从而扩大了企业的竞争优势。

碳资产管理成功实践案例　　　　　　　　　　　　　表8-4

企业名称	具体措施	取得的成效
Hines房地产公司	新设首席减碳官，旨在通过改进建筑物建造工艺和减少其运行所用能源降低建筑物建造阶段和运行阶段的碳排放和隐含碳排放，从而节约业主成本	建筑物预计将减少46%的碳排放，同时减少29%的电力消耗，为用户节约了一笔巨大成本
中材碳资产管理有限公司	负责资产管理服务，包括碳减排、碳转化、碳捕捉以及碳封存技术研发	2021年该公司"双供氢系统水泥熟料氢能煅烧及窑炉烟气CO_2转化利用中试研究"及"新型固碳胶凝材料制备及工业窑炉尾气CO_2材料化利用关键技术"入选首批全国建材行业重大科技攻关"揭榜挂帅"项目榜单
东方雨虹（天津）碳资产管理有限公司	从技术角度统筹碳减排活动，着重解决建筑防水材料改进，减少建筑拆除重建造成的材料浪费和CO_2排放，实现建筑的可持续发展	获得中国建材检验认证集团股份有限公司颁发的国内首张"绿色建材认证证书"

资料来源：根据市场公开资料整理。

但同时也能够看到，对于碳资产管理模式的探索并没有在建筑领域企业内大范围展开。许多企业由于相关政策和机制设计的激励缺失，并没有将碳管理实际应用到日常经营，又或者一些企业尝试应用碳资产管理提升本企业减排成效，但由于缺少行业标准，按照碳管理程序执行后对减排决策的实施作用甚微。本书认为，目前碳资产管理模式的运行仍存在核算基础、价值创造和政策支撑三个主要方面的不足，具体如下：

1. 核算基础方面

第一，数据基础界定不清，目前由于核算复杂，产业界对于碳排放的识别过程并没有包含隐含碳排放，但事实上隐含碳排放作为一种产业链上下游利益相关方的重要转移，比企业的直接碳排放更加能够体现企业对社会总的碳排放变化作出的贡献，所以现在越来越多的学者开始关注隐含碳排放的范围与测度；第二，碳资产识别方法有待改进，目前应用的识别过程仅适用于狭义的碳资产，并没有包含同样具有重要作用的无形碳资产，这将严重低估控排企业的碳价值；第三，缺少针对建筑领域碳排放特点的碳资产管理工具，目前市场上开发的碳资产管理工具多为通用型，应用于建筑、建材等行业后可能出现标准不统一造成的结果偏差问题；第四，企业中各部门提供的碳资产相关数据口径不统一，或者各部门报送时间不同，导致确定碳资产价值时难以计算。

2. 价值创造方面

第一，市场有效性和流动性不足，由于建筑领域还没有被正式纳入碳市场体系，仅建材和水泥行业的部分企业处于试点阶段，所以不论从全行业看还是从建筑领域看，市场的影响在鼓励企业降低碳排放的过程中起到的作用并不大，真正能够利用碳市场实现碳资产和企业价值的保值增值的企业少之又少，由此，碳资产管理能够发挥的保值增值作用也非常微小；第二，碳市场的金融属性还未完全激发，建筑领域碳金融参与主体和金融工具构建还不完善，使得碳资产管理在价值创造功能方面也未完全发挥作用。

3. 政策支撑方面

第一，碳资产管理与企业日常业务融合程度较低，各部门在碳资产管理中参与的程度也存在差异，在推行的广度上还不够大，所以对碳资产的计量、规划等还难以真正在实践中应用起来，未来在统一调动部门参与相关管理事务上也存在一定的阻力；第二，缺乏碳资产管理相关人才，对建筑领域碳资产管理人才的引进、培养、管理等方面的政策还没有全面落实，建筑领域相比其他在碳交易上发展比较成熟的行业，特别是已经纳入碳市场体系的电力行业等，在激励和约束方面还存在一定的劣势。

8.4 建筑领域碳资产专业化管理体系构建与开发

碳资产管理作为一种新兴管理体系，目前还缺乏一个系统的构建方案，导致想要对碳资产进行日常管理的企业无从下手，或者有些企业已经开始碳管理活动，但是规模较小、体系分散，管理成效并不明显。因此，本书结合当前资产管理"价值驱动型"的阶段性特征，以《资产管理 管理体系应用指南》ISO 55001 提出的资产管理框架为基础，提出"寻求各方共建共享、以价值驱动三位一体管理、实现多维价值目标"的建筑领域碳资产专业化管理体系。

8.4.1 建筑领域碳资产管理体系构建

建筑碳资产管理体系构建需要把握三个关键要素：内外联动与多主体协同、多维价值目标、"财务管理—战略管理—风险管理"三位一体。

1. 内外联动与多主体协同

"内外联动、多主体协同"要求建筑领域企业进行碳资产管理时应当具备系统性的思维方式，充分考虑企业内部治理环境和外部政治经济环境，对新政策有及时准确的把握并作出积极响应。尽管目前建筑领域还没有被全部纳入全国碳排放市场，但是大量针对建筑领域整体或者其中部分细分行业的鼓励措施正加速涌现，而实现"双碳"目标必然是一个协同各方的工程，因此，站在"实现整体利益最大化"的角度，积极寻求与政府、产业链上下游和其他社会相关方的共建共享，才可能最终达成企业可持续发展、社会共享绿色成果的状态。这一过程中，建筑领域企业可以考虑通过引进先进数字技术加快"双碳"目标的实现进程，例如，利用物联网技术，保证原始数据收集的准确性；实施标准化的数据管理准则，实现数据运用阶段的规范性；利用更加精确的分析模型，从多场景区分、多要素综合的角度更加准确地把握建筑领域全生命周期产生的碳资产，实现整体利益最大化。

2. 多维价值目标

多维价值目标可以划分为短期价值目标和长期价值目标两大类，其中，短期价值目标主要指的是企业在短期和中期内需要实现的业务层面的具体目标，可操作性较长期目标更强，其中包括战略规划、业务转型、效率提升、强化控制、价值创造；另一方面，由于要实现"双碳"目标下的可持续发展，所以建筑领域企业除短期绩效外，更需要综合考虑产业链上下游间的协同发展以及其他相关方的共同利益，最终在相关方实现最大共同利益的过程中实现企业自身的长期价值目标，长期价值目标又可以进一步划分为企业价值、客户和供应商价值、社会价值。

短期价值目标包含内容如下：

（1）战略规划。"双碳"目标的达成有赖于微观层面企业战略的率先调整，从而使之引导后续的业务活动实现低碳和零碳，建筑领域企业应当以实现企业长期价值为最终目标，推动自身战略转型发展与战略规划的实施。

（2）业务转型。如果是拥有多个业务类型的建筑领域企业，在实现"双碳"目标时应当考虑不同业务的优先级，逐渐平稳地由高耗能高排放业务过渡到绿色低碳的业务，在考虑企业内部满意度的同时也保证外部相关方对环境质量的需求。

（3）效率提升。效率提升是企业经营利润最大化的主要途径，主要可以从控制成本和提高质量两个角度提升企业碳资产管理效率。其一为控制碳资产管理成本，加强对全生命周期的碳资产控制，系统降低碳资产投资、建设和运行的成本。其二为提高碳资产管理质量，基础为提高数据质量，从而做出精准判断，要加强对碳资产的监控和维护，延长碳资产使用寿命，提高其运行效率。

（4）强化控制。此目标包括碳资产管理活动控制与风险控制两方面内容。一方面，建筑领域企业首先应该在碳资产管理过程中平衡碳资产与其他资产的关系，明确界定碳资产为企业带来的价值的边界，避免重复计算；其次要保证碳资产管理尽可能规范，避免"不知在做"的情况。另一方面，鉴于当前碳市场中建筑领域企业参与主体较少、活跃度较低的特征，尽管碳市场是减碳降碳的一个有效手段，建筑领域企业参与到碳市场中将面临相对于电力等其他更为成熟的行业更大的市场风险，所以如果企业想要利用市场工具获得融资，就必须同步提升自身风险管理能力。

（5）价值创造。此目标应该作为建筑领域企业短期目标中的核心内容，因为企业经营的最终目的就是要通过一系列战略策略实现价值增值。这里就需要在识别碳资产价值的基础上，创造性地运用碳交易和碳金融手段把企业拥有的碳资产转化为更多可以供其进行下一步生产的资源。

长期价值目标包含内容如下：

（1）企业价值。长期价值下的企业不仅要考虑其赚得的利润规模，更需要逐步建立企业文化和企业形象，这样才能使自身综合竞争力不断提高，实现可持续发展。

（2）客户和供应商价值。建筑领域企业要想实现低碳转型发展，就必须将自身置于行业发展趋势中，需要统筹管理协调内外部资源。通过统筹安排产业链中客户与供应商之间的资源优势，全面支撑企业碳资产价值的提升。

（3）社会价值。由于"双碳"目标本身的普惠性，企业除了需要最大化自身价值和所处产业链价值，更应该考虑与整个社会共享减排成果。

3. "财务管理—战略管理—风险管理"三位一体

"三位一体"管理手段主要包括财务管理、战略管理和风险管理三大模块。其中，财务管理包括预算管理、交易管理和绩效管理；战略管理包括投资规划和管理层支持；风险管理包括风险识别、风险评价和风险应对。

（1）财务管理。本模块中，预算管理是交易管理和绩效评估的前提和基础，主要指企业在碳交易和碳金融活动之前的一系列评估，涉及碳资产的识别与计量、是否存在资源优势和限制、了解相关方利益诉求和政策要求，并在此基础上做出当期碳资产的保有量和交易量等计划；交易管理主要指企业规划和执行相关的碳交易决策，交易管理可能会依据交易时的环境对碳资产交易预算做出一定的调整，这一决策应当在企业全部交易管理的范围内作为一项特殊的交易活动单独考虑，具体包括交易时间、交易数量、交易收益等内容；绩效管理是对预算活动和交易活动的总结和改进，包括绩效评估、管理层讨论等内容，尽管这一管理在逻辑上处于预算管理和交易管理之后，但是理想的绩效管理活动应当渗透于预算管理和交易管理中，并且与前两者交叉进行，实现对前两项活动的动态监督。

（2）战略管理。本模块中，投资规划主要指的是企业关于自身未来发展方向的资金支持，在投资成本最小化的同时达到投资组合收益的最大化，这一过程中需要充分考虑政治、法律、社会、文化、竞争以及相关方等外部环境因素，并且在做出投资决策时也应该充分考虑到投资的碳资产之间的相互影响关系，由于建筑领域企业投资决策多涉及长期投资决策，因此关注碳资产之间的相互影响关系可以避免投资决策频繁变动带来的巨额成本；管理层支持主要涉及组织管理体系的升级和优化，使之与碳资产管理目标更加匹配，并且为碳资产管理提供充分的数据支持等资源，进而进一步降低碳资产管理的收集信息和监督管理等成本，其中，企业需要将碳资产管理活动中的碳交易、碳金融以及相关的质量管理和人力资源管理纳入一个系统考虑，并保证这一系统能够灵活改进。

（3）风险管理。大部分建筑领域企业由于承包工程时间相对其他行业更长，再加上建筑领域本身在碳交易和碳金融市场上处于起步阶段，各项标准的制定还不完善，所以面临更大的投资风险，同时一些建筑领域企业价值创造依靠创新，所以这些企业还面临创新活动失败的风险。因此，有必要加强建筑领域企业中的风险管理。企业的风险管理包括识别风险、评价风险和风险应对三个步骤。识别风险首先需要了解建筑领域企业可能面临的风险，这些风险包括碳资产识别困难、碳资产估值偏差、碳资产价格波动等。在识别风险后，企业应当对已知风险可能带来的企业价值的波动进行评价，确认风险是否可以由企业承担，以及各类风险的优先级。风险应对指的是企业在识别和评价风险之后，通过调整企业所处细分市场等方式尽可能降低系统风险，通过企业内部治理不断降低非系统风险。

8.4.2 建筑领域碳资产管理未来发展

最后，为应对当前建筑领域还存在的三方面问题，本书提出建筑领域碳资产管理未来可以改进的方面：

1. 核算基础

统筹建筑领域碳资产识别与核查数据基础，优先制定全领域碳资产识别标准是推动建筑领域碳资产管理的当务之急。短期内，建筑领域碳资产管理发展水平将极大依赖建筑领域碳市场发展水平，所以发展适用于建筑领域的碳资产管理的体系，首先必须尽快完善建筑领域各细分行业纳入碳市场的各项政策标准，并尽快制定建筑领域碳资产计量统一标准，规范碳资产管理的核算基础。同时，企业应当考虑在内部构建数字化管理平台，在统一方法学的基础上规范数据共享和追溯。例如续翼建筑科技在碳数据核算基础方面起到了积极的带头作用，其针对建筑领域目前存在的碳资产管理平台缺乏、数据来源可追溯性差等问题，开发了一款C-TREES碳引擎产品，旨在实现企业层面碳资产数据可视化与可追溯，为房地产企业提供碳资产管理解决方案。

2. 管理变革

企业应当积极进行碳资产管理能力的提升，依托现有政策激励提前布局高成长空间的业务，根据自身发展情况匹配不同碳金融工具或其组合，创造新的碳资产价值与企业价值，平稳实现企业业务转型和管理转型。同时，始终将企业内部价值与相关方利益密切联系在一起，积极促进产业链上下游各方协同发展，最终不断增强整个碳市场流动性与活跃度，最终完成参与企业的"盈利-减排"良性循环。

3. 支撑政策

在顶层设计上，应加强政策引导与支持，匹配企业战略和管理方案。2021年7月16日，全国碳排放权交易市场上线交易。国家发展改革委相关负责人表示，碳市场本质上是一个政策性市场，现阶段，国家和地方相继出台支持性政策文件支持碳市场发展，增强碳市场活跃度，推进金融"绿色化"，重塑国际合作和竞争新优势。但是碳资产管理相关政策仍然欠缺，企业仅依靠自身情况进行摸索，导致现阶段碳资产管理很难出现大规模的爆发式增长。因此，加快碳资产管理随碳交易市场的同步完善，是碳市场稳定运行的重要保障。

第9章
建筑领域绿色低碳
系统性路径

9.1 系统性实施路径

全球气候变化问题日益突出，减少碳排放已成为全球共同的任务。建筑领域作为一个重要的碳排放来源，需要采取系统性的措施来控制碳排放。本章将从建筑领域的全过程管理、全生命周期管理、多主体协同管理三方面来分析建筑领域控制碳排放的系统性实施路径（图9-1）。

图9-1 系统性实施路径图

9.1.1 全过程系统管理

近些年来，建筑行业的全球碳排放量越来越大，建筑碳排放全过程管理的重要性逐渐被人们所重视。

全过程管理的核心是过程控制，这意味着对过程的每个阶段进行监控和调整，以确保最终高质量完成目标。过程控制要求企业建立标准化的流程和规范，通过对数据和信息的收集和分析，及时发现和纠正问题。

全过程管理的逻辑主要包括以下三个方面：

第一，前期准备。全过程管理的前提是要充分了解全过程，并对其中的问题进行分析。这需要对业务流程进行全面的调查研究，了解每个环节的具体情况，找出存在的问题和瓶颈。

第二，过程控制。全过程管理的核心是要将每个环节纳入控制范围，对其进行监控和管理。这需要建立一套完整的监控体系，包括对数据、质量、时间、成本等各个方面的监控。同时，还需要对整个过程进行规划和设计，确定每个环节的工作内容和要求，明确责任和权限，制定相应的监控指标和考核标准，及时调整和优化业务流程，保证整个过程的高效运转。

第三，后期评估。全过程管理最终的目的是要提高效率和质量，这需要对整个过程进行评估和改进。评估的重点是对每个环节的工作进行量化分析，找出存在的问题和改进的空间。同时，还需要对监控指标进行调整和优化，提高管理的有效性和精准度。

建筑碳排放全过程管理是指在建筑领域碳排放的宏观管理过程中，通过对建筑碳排放量化、碳排放数据监测、碳减排技术研究、碳排放数据披露、碳减排达标认证等方面的管理，最大程度地控制和减少建筑对环境造成的影响，如图9-2所示。

图9-2　建筑碳排放全过程管理金字塔

1. 碳排放量化

碳排放量化是指通过测量和统计，对建筑产生的碳排放进行精确计算的过程。建筑碳排放量化需要建立系统的量化与管理体系，包括建筑物碳排放的各个来源和核算方法等。同时，还需要建立一个相应的数据收集和管理系统，以确保数据的准确性和可靠性。此外，建筑领域碳排放全过程管理中的量化还需要相关政策和标准的支持，以促进各方的共同努力和配合。

在建筑碳排放量化的过程中，一般需要采取以下四个步骤：第一，确定测量指标。测量指标是指影响碳排放的各种因素，如能源消耗、物质流动等。在具体操作中，可以选择多种测量指标，以适应不同的环境和需求。第二，收集数据。数据收集是碳排放量化的核心步骤之一，通过收集各个环节的数据，可以对建筑碳排放量进行准确计算和评估。第三，计算碳排放量。在收集完数据之后，需要进行碳排放量的计算，这一步骤需要使用专业的计算工具和方法，以确保计算结果的准确性和可靠性。第四，分析结果。在完成碳排放量的计算之后，需要对结果进行分析和评估。通过分析结果，可以了解建筑碳排放的具体情况，为后续的环保工作提供参考和依据。

建筑碳排放量化对于碳减排工作具有重要的意义。首先，通过建筑碳排放量化，可以对建筑碳排放的情况进行及时监测和评估，有助于了解碳排放的来源和规模，为碳减排工作提供依据。其次，建筑碳排放量化的结果可以为政策制定提供重要的参考和依据。政府可以根据碳排放量的情况，制定相应的环保政策和措施，以减少碳排放量。最后，碳排放量化有助于企业了解碳排放的情况，从而推动减排工作的开展，最终降低对环境的影响。

总之，建筑领域碳排放全过程管理中的量化是一个至关重要的议题，只有对建筑物在其整个生命周期内所产生的碳排放进行量化，才能更好地发现其碳排放的来源，从而有针对性地制定减排措施。同时，量化还可以为建筑领域碳排放全过程管理带来更高的透明度和可操作性，让各方更好地理解建筑物对环境的影响以及如何减少碳排放。因此，建筑领域碳排放全过程管理中的量化应该得到更多人的关注和支持，以推动建筑领域的可持续发展。

2．数字化管理

为了减少碳排放并实现可持续发展，建筑行业需要采用科技手段对碳排放进行全过程管理。碳数据的数字化管理是建筑碳排放管理的一种有效方式，它可以帮助建筑企业实现精细化管理，提高碳数据的准确性和实时性，优化建筑能源利用效率，降低碳排放水平。

在建筑领域的碳排放管理中，碳数据检测管理的方法主要包括两种：一种是通过实地测量和检测获得碳数据；另一种是通过建筑信息模型（BIM）等软件获得碳数据。实地测量和检测是最为直接和可靠的碳数据获取方式，但其成本较高且需要专业人员进行操作；而通过BIM等软件获得碳数据则成本较低，但其准确度和可靠性相对较低。因此，在实际应用中，建筑领域的碳数据检测管理一般采用两种方法相结合的方式。

碳数据的数字化管理是建筑碳排放管理的关键环节。传统的碳数据收集和统计方式依赖于人工记录，存在数据准确性低、数据更新不及时等问题。而碳数据数字化管理可以通过传感器、监测设备等科技手段对建筑碳排放数据进行实时监测和数据采集，提高数据收集的准确性和实时性，帮助企业更好地掌握碳排放情况，为制定科学合理的碳排放管理方案提供依据。

此外，碳数据数字化管理依赖于相关技术手段的支持。建筑企业可以采用互联网、大数据、物联网等技术手段，将传感器、监测设备等设备与云计算平台相连接，实现碳数据的实时监测、采集和分析。在实现碳数据数字化管理的过程中，需要注意保护数据隐私和确保数据安全。

最后，碳数据数字化管理作为建筑碳排放管理的一种先进方式，是建筑碳排放管理的重要发展方向。未来，建筑企业将会更加注重碳排放管理，采用碳数据数字化管理的方式实现碳排放的全过程管理，提高数据准确性和实时性，帮助企业更好地管理碳排放，从而降低碳排放水平，提高建筑能源利用效率，实现可持续发展。

3. 减碳技术研发

随着全球变暖的加剧，减少碳排放已经成为全球关注的热点话题。建筑行业是一个重要的碳排放行业，因此在建筑领域碳排放全过程管理中，减碳技术显得尤为重要。

提高能源使用效率。被动式超低能耗建筑可以高效利用自然资源，从源头实现降本增效。被动式超低能耗绿色建筑是集高舒适度、低能耗于一体的高效节能建筑，其节能方式主要在于：通过优化建筑围护结构，最大限度提高建筑的保温、隔热和气密性能；通过新风系统的高效冷（热）量回收利用，显著降低商业建筑主动采暖、制冷需求；通过有效利用自然采光，降低对主动照明的需求。因此，若将被动式超低能耗建筑应用于商业建筑，可以有效降低商业建筑全生命周期碳排放。由于被动式超低能耗建筑能大幅度降低对外界能源的需求，有明显的节能减排效益，各级政府对被动式低能耗建筑的认可度越来越高。截至2020年8月，政府颁布了115项被动式建筑鼓励政策，政策的针对性及可实施性也在逐年增强。此外，被动式低能耗建筑还可通过带动建材产业低碳升级的方式，促进中国加速完成"双碳"目标。

创新技术以实现能源替代。中国作为处于上升期的发展中经济体，对能源的需求还在不断增加，目前中国的能源结构以煤为主，碳排放总量和强度呈现"双高"特征，未来要以可再生清洁能源替代传统化石能源系统，才能实现减少建筑电力消耗和降低碳排放的目标。主要实现方式有以下几种：搭建分布式清洁能源智能电网与储能系统，调节电网峰值负荷，提高能源利用率；待光伏产业技术成熟，助力建筑电力"自产自用""余电上网"；推动光伏建筑一体化，实现建筑与光伏产业伴生融合；使用天然地热能供暖和制冷，利用地源热泵技术以减少碳排放；突破氢能应用于建筑领域的技术壁垒，将氢能作为碳中和的"终极能源"。

总之，在建筑领域碳排放全过程管理中，减碳技术至关重要。使用绿色建筑材料、提高能源使用效率、创新技术以实现能源替代等手段都可以减少建筑物的碳排放。未来，应该继续探索和推广更多的减碳技术，以减少建筑行业对环境的影响，为构建可持续发展的社会做出贡献。

4. 碳资产管理

碳资产（Carbon Asset）是指在强制碳排放权交易机制或者自愿碳排放权交易机制下，产生的可直接或间接影响温室气体排放的配额排放权、减排信用额及相关活动。建筑企业可通过对建筑建造的每个环节所造成的碳排放进行量化和记录，建立碳排放数据管理系统，形成建筑碳排放的信息化管理，同时通过节能技改活动，减少企业的碳排放量，最终实现一定的可交易碳排放配额。

建筑碳排放是全球温室气体排放的主要来源之一。在建筑碳排放全过程管理中，碳资产管理起着重要的作用。通过对建筑碳资产的管理，可以有效控制碳排放，减少对环境的影响。同时，碳资产管理也可以为企业节约成本，提高经济效益。通过建立碳资产管理系统，企业可以全面了解碳排放情况，制定符合国家政策的碳减排方案，实现减少碳排放的目标。碳资产管理的过程如下：

首先，为了实现碳资产管理，需要对建筑物和设施的碳排放量进行测量。通过使用能源计量和监测系统，测量建筑物使用的电力、水、天然气等能源的用量，并计算出对应的碳排放量。随着技术的进步，目前还可通过无人机、激光雷达等技术，获得更准确的碳排放测量结果。

其次，碳减排策略制定。根据测算结果，制定碳减排策略，包括优化建筑设计、提高能源效率、选择低碳材料等。同时，需要对碳减排策略进行成本效益分析，确保减排措施的经济性。

最后，碳交易是实现碳资产价值的过程。企业可以将获得的碳排放配额作为商品进行交易，或者通过减少碳排放量来留存多余的碳排放配额，然后将其出售给碳排放量较高的企业，从而获得经济利益。碳交易机制不仅可以促进碳减排，还可以为建筑行业带来新的商业机会。

5. 碳排放达标认证

在碳排放全过程管理中，披露与达标认证是至关重要的一步。披露是指建筑行业公开披露其温室气体排放量；达标认证是指建筑企业在经过全面的碳排放监测、评估和减少措施后，达到国家或行业规定的碳排放标准，并获得相关的认证证书。通过披露与达标认证，建筑行业可以获得公众的信任和认可，同时也可以增加其在市场上的竞争力。

开展碳排放达标认证的步骤包括以下几个方面：第一，确定认证的标准和范围。建筑领域的碳排放包括建筑材料的生产、建筑施工、使用和拆除等方面，因此需要对认证的标准和范围进行明确。第二，进行数据收集和分析。企业需要收集建筑物的各个环节的数据，包括能耗、材料使用和废弃物排放等，然后进行数据分析，得出碳排放量。第三，编制碳排放报告。企业需要编制碳排放报告，详细说明碳排放量的来源和分布情况。最后，进行第三方审核。企业需要选择具有资质的第三方机构进行审核，确保认证的公正性和权威性。

碳排放达标认证不仅是建筑企业的社会责任，也是企业在市场竞争中提高竞争力的重要手段，碳排放达标认证的获得可以证明企业在碳排放控制方面具有较强的实力和竞争优势。目前，在中国，碳排放达标认证已成为建筑企业竞争的重要指标，政府和行业组织也纷纷出台了相关政策和标准，如《绿色建筑评价标准》GB/T 50378—2019、《节能建筑评价标准》GB/T 50668—2011等，规范了建筑碳排放的监测、评估和认证工作。

建筑领域的达标认证在碳排放全过程管理中的作用依然不可替代。未来，建筑行业需要与政府、学术界和企业界等各方合作，共同推动碳排放全过程管理的发展。同时，建筑行业也需要采用更加先进的技术和方法，来更加准确地测量和管理其温室气体排放量。

建筑碳排放全过程管理和碳排放达标认证是建筑企业应对气候变化、减少碳排放的重要手段。在全球范围内，越来越多的企业开始重视碳排放管理和认证，中国的建筑企业也应该积极响应政府和行业的呼吁，加强碳排放控制，争取碳排放达标认证，为可持续发展做出自己的贡献。

9.1.2　全生命周期管理

建筑碳排放全生命周期管理是指在建筑的设计、建造、运行和拆除等阶段中，对其所产生的碳排放进行管理和控制。这一过程包括了建筑材料的选择、施工工序的优化、建筑节能技术的应用等方面，旨在减少建筑对环境的影响，降低其碳足迹。

建筑碳排放全生命周期管理的实施需要建筑行业相关企业和机构的积极参与和支持。在建筑材料的选择方面，应优先选择环保材料，减少使用对环境有害的材料；在施工工序的优化方面，应合理规划施工流程，减少浪费和能源消耗；在建筑节能技术的应用方面，应采用高效节能设备和技术，降低建筑的能耗，如图9-3所示。

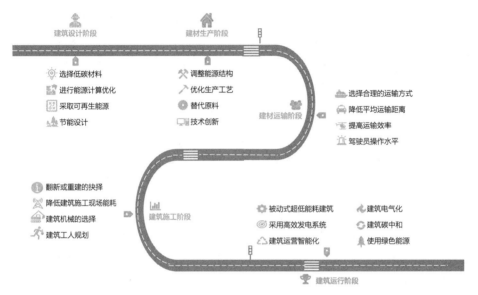

图9-3　建筑碳排放全生命周期管理

1. 建筑设计阶段

设计规划阶段，应融合节能低碳理念，充分对建筑结构方案进行低碳优化，促进建筑整体节能水平提高。因为不同的建筑结构设计会导致所需建材品类及建材数量不同，进而影响建筑全生命周期碳排放。

选择低碳建筑材料。低碳建筑材料指能够降低温室气体排放量，降低能源消耗的建筑材料。低碳建筑材料通常具有良好的保温隔热性能，能够降低建筑物的能源消耗。同时，它在生产和使用过程中产生的温室气体排放量较低，能够降低建筑行业对气候的影响，具有更好的环保性能，能够提高建筑的环境品质。此外，为了减少运输过程中的碳排放，应优先选择本地的低碳建筑材料。

优化建筑布局。优化建筑布局可以提高建筑的环保性能，减少能源消耗和碳排放。例如，在设计窗户位置时可以考虑采光和通风的需求，从而减少对人工照明和空调的需求。此外，它可以提高建筑的使用效率和舒适度，使内部空间更加宽敞、明亮、通风和舒适，进而提高建筑的经济效益，增加建筑物的价值和吸引力。

采用可再生能源。可再生能源是指可以在自然界中不断补充的能源，如太阳能、风能、水能等。在建筑设计中，采用可再生能源不仅可以保护环境，还可以减少能源消耗，降低能源成本，提高建筑的使用价值，并为建筑提供可持续的能源来源。

使用节能设备。在设计阶段，建筑师可以考虑如何在建筑的不同部位使用节能设备，以最大限度地降低能耗。建筑师还可以与节能设备制造商合作，以确保设备符合建筑的特定需求。

2. 建材生产阶段

调整能源结构。建材生产需要大量的能源，特别是燃煤等传统能源的使用，会对环境产生严重的影响，因此有必要调整能源结构。新能源的使用可以有效降低环境污染，例如采用太阳能、风力发电等绿色能源，可以避免传统能源的使用所带来的环境问题。通过利用余热余压、替代燃料高比例替代燃煤，分布式发电等提高非化石能源消费比例，减少煤炭消耗量。

寻找替代原料。建材生产过程中使用的原材料对环境的影响也非常大，因此需要寻找替代原料。在保证产品质量的前提下，研发新型胶凝材料，降低水泥、玻璃等产品使用量。此外，使用废弃物料、再生材料等可以有效地降低资源的消耗，减少对环境的影响。这些替代原料不仅可以降低成本，还可以改善产品的品质。

优化生产工艺。建材生产过程中，生产工艺的优化可以有效降低能源消耗和环境污染。通过创新研发节能减排装备、工艺、技术，可以提高生产效率、减少能源资源消耗，最终削减建筑领域的碳排放量。此外，优化生产工艺还可以提高产品的质量和生产效率。

持续技术创新。技术创新是改进建材生产的关键，只有通过技术创新才能实现建材生产的可持续发展。例如，采用新技术、新材料、新工艺可以提高产品的性能和质量，同时降低生产成本，减少对环境的影响。

3. 建材运输阶段

选择合理的运输方式。建材运输一般有公路、铁路、海运和航空运输四种方式，海运和铁路运输碳排放量较少。针对不同的建材选择合理的运输方式可以大大提高运输效率，减少运输过程的碳排放。例如，混凝土可以使用自卸车进行运输，而砖块可以使用敞车进行运输。

降低平均运输距离。降低平均运输距离也是提高建材运输效率的重要措施。就近选择材料供应商，缩短运输距离能够大幅降低运输过程碳排放。建筑工地与建材生产厂之间的距离越短，运输所需的时间和成本就越少。因此，建筑公司可以在选址时考虑建材生产厂的距离，降低平均运输距离。

提高运输效率。使用绿色燃料，调整卡车尺寸提高处理负载，采取措施提高现场所有车辆和设备的燃料效率。此外，建筑公司可以使用一些技术手段来提高运输效率，例如，使用GPS监控车辆位置，合理规划车辆路线，减少拥堵和等待时间等。此外，建筑公司还可以合理安排运输时间，避免在高峰期进行运输，进一步提高运输效率。

提高驾驶员操作水平。研究表明，不同驾驶员驾驶车辆的油耗相差较大，因此提高驾驶员的操作水平，降低油耗以降低碳排放也是实现碳减排的有效辅助方式。

4. 建筑施工阶段

翻新或重建的抉择。建筑翻新可以节省一定的成本，但是会影响施工进度和质量。建筑重建则可以保证施工质量，但是成本会相对较高。对于一些没有质量问题的建筑来说，与其拆除后重建，不如改造和再利用，提高建筑使用效率。因此，在进行抉择时需要考虑建筑的使用寿命、建筑功能是否变化以及建筑外观等因素。

选择装配式建筑的绿色施工方式。装配式建筑，是指在工厂或工地预先制作好墙体、地板、屋顶等建筑构件，然后在现场进行组装安装。装配式建筑大部分构件是在工厂中进行制造，只有少量的组装工作需要在现场进行，这样就能够减少建筑现场的噪声和粉尘等污染，提升施工环境的质量。其次，装配式建筑的材料是按需制作，每个构件都是经过精确计算后制作的，这样就能够避免因施工现场不同而导致的浪费现象，提高材料和资源的利用率。最后，由于装配式建筑只需要在现场进行组装，能够大大缩短施工周期，快速完成施工，节约时间和成本。

降低建筑施工现场能耗。合理安排建筑施工现场工程进度，降低夜间灯光使用消耗。此外，可以通过采用节能型建筑材料、减少不必要的机器设备使用、提高建筑设备的效率、合理规划建筑施工计划等方式来降低能耗。

建筑机械的选择。在建筑施工阶段，选择合适的建筑机械可以提高施工效率和质量。进行建筑机械的选择需要考虑其适用性、安全性、使用成本等因素，进而可以减少建造过程中的人力和物力投入。

建筑工人规划。人员碳排放也是施工阶段碳排放的重要组成部分，需要考虑建筑工人的数量、专业技能、安全培训等因素，合理规划人员安排以提高施工效率和质量，最终实现降低"人为因素"碳排放。

建筑拆除过程降低碳排放。第一，在拆除建筑物之前需要进行评估。评估的目的是确定哪些元素可以被回收利用，哪些元素可以被重新使用，以及哪些元素必须被处理。通过评估可以避免浪费大量的资源和材料，从而减少碳排放。第二，回收利用建筑材料。在拆除建筑物时，可以回收利用许多材料，例如木材、钢材、混凝土等，这些材料可以被粉碎或切割成小块，然后用于制造新的建筑材料。这种做法不仅可以减少碳排放，还可以节约大量的资源和能源。第三，采用低碳拆除技术。可以通过使用手动工具、破碎机和剪切机等设备取代传统的拆除设备，以此减少建筑拆除中使用的机械设备和工具的数量，从而降低能源的消耗和碳排放。

5. 建筑运行阶段

选择被动式超低能耗建筑。被动式超低能耗建筑是指在建筑设计阶段，通过采用高效的保温、隔热、通风、采光等技术手段，使建筑在不需要使用传统的暖通空调设备的情况下，仍然能够保持舒适的温度、湿度和空气质量。这种建筑能够极大地降低能源消耗，进而减少建筑运行阶段的碳排放。通过优化建筑整体布局、采用高性能外窗和墙体以及提升建筑的整体气密性等性能化设计帮助建筑降低运行能耗。

推进建筑电气化。随着科技的发展，现代建筑已经越来越依赖于电力设备的支持。建筑全面电气化是"双碳"进程的关键环节，通过革新节能技术和使用节能电器，在热水、供暖、炊事等方面全面实行电力替代。不仅可以提高建筑设备的效率和可靠性，还可以降低能源消耗和碳排放。

采用高效发电系统。在建筑运行阶段，可以采用高效的发电系统来减少能源消耗和碳排放。比如，形成太阳能光伏发电系统，通过将洁净的太阳能应用到生活场景中，可以减少对传统能源的依赖，同时也可以降低建筑运行阶段的碳排放量，达到建筑节能减碳的效果。

落地建筑运营智能化。落地建筑运营智能化是指在建筑运营过程中应用新兴技术和智能化手段，实现建筑节能、环保和智能化管理的目标。其核心是通过互联网、物联网、大数据等技术手段，将建筑内部各种设备、系统、传感器等互相连接起来，实现建筑设备的自动化控制和运营管理。落地建筑运营智能化可以应用在很多场景中，如智能照明、智能空调、智能门禁等。其中，智能照明可以利用传感器感应到人的存在，自动调节灯光亮度和开关状态，从而达到节能的目的；智能空调可以通过大数据分析建筑内部的温度、湿度、氧气含量等参数，自动调节空调的运行状态，实现智能化的节能管理。通过建筑运营智能化，实现对建筑的综合管理和监控，及时发现建筑中的能源浪费和异常情况，并采取相应的措施进行调整。这样可以更加高效地使用建筑设备和能源，进而减少能源消耗和碳排放。

增加建筑碳汇。建筑碳汇指建筑中利用生物质、植物和土壤等自然元素吸收CO_2并将其储存起来的过程。建筑行业可以通过各种手段，使建筑物在运行阶段产生的碳排放量和吸收量达到平衡。增加建筑碳汇的方式包括使用可再生能源、实施碳捕捉和碳储存技术等，这需要采用一系列措施来抵消建筑运行阶段的碳排放，比如种植树木、建造污水处理设施等。目前，建筑碳汇已经在国内外得到广泛应用。例如，日本的"绿色建筑"倡导者将绿化作为建筑的重要组成部分，促进了建筑碳汇的应用。在中国，越来越多的城市开始推广屋顶种植和绿化工程，以减少城市碳排放。

既有建筑的节能改造。既有建筑是指已经存在的建筑，它们在设计建造之初未考虑节能的问题，因此它们的能源效率较低，存在着能源浪费的情况。而既有建筑节能改造可以使其能源效率得到提高，从而减少能源的浪费，降低碳排放。既有建筑节能改造有多种方式，例如改善建筑外墙和屋顶的保温性能，使用高效节能的供暖和制冷设备，采用太阳能和风能等可再生能源等，这些措施可以有效提高既有建筑的能源效率，减少它们的碳排放。此外，既有建筑的节能改造不仅可以降低建筑使用者的能源消费，减轻其经济负担，还可以提高建筑的使用价值，使其更具有竞争力。

除此之外，建筑碳排放全生命周期管理还需要对建筑的使用和拆除过程进行管理和控制。在建筑的使用过程中，应加强能源管理，合理利用能源资源，减少浪费。在建筑的拆除过程中，应优先选择可回收利用的材料，降低废弃物的产生。

总体来说，建筑碳排放全生命周期管理是建筑领域可持续发展的重要举措，需要全社会共同参与和支持，共同推动建筑领域向低碳、环保的方向发展。

9.1.3　全参与方协同管理

建筑领域实现"双碳"目标仍然是一项长期且艰巨的战略任务，需要各级政府、社会、市场、行业以及企业的广泛、深度和持续参与，构造五力模型形成合力，最终实现建筑领域降碳减排（图9-4），具体建议如下：

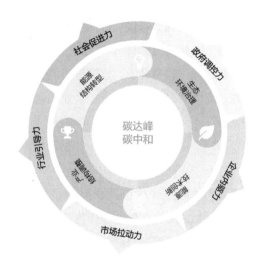

图9-4　全参与方协同五力模型

1. 政府调控力

在全球气候变化的背景下，各国政府纷纷制定了减排目标。中国政府提出了"双碳"目标，即到2030年前实现碳达峰，到2060年实现碳中和。建筑领域是能耗排放较大的行业之一，政府调控力对于实现"双碳"目标至关重要。根据当前实现"双碳"目标所面临的挑战，中国政府作为"总控"，应发挥其全局调控力，通过政策法规和经济手段，引导建筑领域实现能源效率的提高[87]。

政府可通过建筑节能标准的制定与推广，制定能源标准和节能法规，以及提供财政补贴和税收优惠等经济激励措施。通过这些政策手段，政府可以促进建筑领域更快速、更全面地实现低碳、零碳建筑目标，助力中华民族实现伟大复兴和构建人类命运共同体。在制定标准时，政府可以参考国际先进经验，并根据国内实际情况进行调整。同时，政府还可以通过财政补贴等方式，鼓励企业采用节能技术，提高建筑能效。

建筑能效评价体系的建立，也是政府调控建筑节能的重要手段。政府可以通过制定相关法律法规，明确建筑能效评价的标准和程序，并对建筑能效评价机构进行监管，保证评价结果的客观性和可信度。建筑能效评价结果的公开也可以促进建筑企业之间的竞争，推动建筑行业向更加节能的方向发展。

建筑垃圾的资源化利用也是实现"双碳"目标的重要手段之一。政府可以通过建立建筑垃圾回收体系，鼓励企业对建筑垃圾进行分类、回收和再利用。在政策层面上，政府可以出台相关法律法规，规范建筑垃圾回收利用的市场行为，并提供相应的补贴和奖励，推动建筑垃圾的资源化利用。

政府调控力对于建筑领域实现"双碳"目标至关重要，但仍然需要全社会的共同努力。在政府的调控下，建筑节能技术将得到更加广泛的应用，建筑能效评价体系的建立将促进建筑行业的转型升级，建筑垃圾的资源化利用将成为建筑行业发展的新亮点。实现"双碳"目标需要政府、企业和居民的共同努力，建设更加环保、节能的美好家园。

2. 企业内驱力

在全球气候变化日益严峻的背景下，建筑行业作为高碳排放行业，已经成为实现"双碳"目标的重要领域之一。建筑企业作为建筑领域经济活动的主体，是温室气体排放的重要来源，在实现减碳目标的进程中，企业减少碳排放的责任和义务不可忽视。在这个背景下，企业内驱力成为建筑领域实现"双碳"目标的关键因素之一。而且，企业在减少碳排放的同时，还可以获得一系列的经济和环境效益。因此，企业应该积极发挥其自我驱动力，采取各种措施来减少碳排放。

第一，建筑节能技术的研发和应用是企业内驱力的重要支柱。在建筑领域，建筑节能技术包括建筑外墙隔热、建筑节能窗、建筑节能灯具等多个方面，这些技术的更新和发展是企业内驱力的重要体现。通过研发和应用建筑节能技术，企业可以降低建筑能耗，减少碳排放，实现"双碳"目标。

第二，合理的能源管理和使用是企业内驱力的强大基础。建筑领域的企业需要通过合理的能源管理和使用，降低能耗，减少碳排放。例如，企业可以采用智能能源管理系统、精细化能源管理等方式，提高建筑能源利用效率，实现"双碳"目标。

第三，建筑碳排放监测和管理是企业内驱力的主要手段。建筑领域的企业需要通过建筑碳排放监测和管理，了解自身的碳排放情况，制定相应的减排措施。在碳排放监测和管理方面，企业可以采用碳排放核算系统、碳排放监测系统等方式，实现对建筑碳排放情况的精细化管理。

第四，实现"双碳"目标的内部激励机制是企业内驱力的重要体现。在建筑领域，企业可以通过制定合理的激励政策，鼓励员工参与碳排放减排工作，提高员工的环保意识和绿色意识，促进企业实现"双碳"目标。

建筑领域实现"双碳"目标需要企业内驱力的支持，建筑节能技术的研发和应用、合理的能源管理和使用、建筑碳排放监测和管理以及实现"双碳"目标的内部激励机制是企业实现"双碳"目标的重要手段。只有企业内部的驱动力得到有效发挥，才能够推动企业实现"双碳"目标，为全球气候变化做出贡献。

3. 市场拉动力

建筑行业是世界上最大的碳排放行业之一，因此实现"双碳"目标对于建筑领域来说是至关重要的。市场拉动力是指通过市场机制来激发企业和个人的积极性，从而推动产业转型和升级，实现"双碳"目标。建筑行业需要通过市场机制推动能源转型，促进清洁材料、清洁能源的发展。同时，在依靠市场调节碳排放的过程中，培育新兴产业、培育"双碳"投资市场、培育消费环节低碳企业的品牌影响力，有助于保持建筑市场对产品及技术进行自主选择，最终通过市场机制带动建筑领域节能降碳。

首先，随着城市化进程的加速，建筑行业面临着巨大的市场机遇。在新城市和新建筑的规划和建设中，政府可以制定更加严格的节能和环保标准，鼓励企业采用更加节能环保的建筑材料和技术，从而降低建筑的碳排放。此外，政府还可以通过财政和税收政策等手段，鼓励企业加强在绿色建筑上的研发力度，推动建筑行业实现低碳发展。

其次，发展绿色金融。绿色金融是指将环境保护和可持续发展纳入金融决策和投资过程中，鼓励和支持绿色产业的发展。在建筑领域，绿色金融可以为企业提供更加便利和低成本的融资渠道，为企业解决绿色建筑研发过程中的资金缺口。此外，绿色金融还可以为消费者提供低成本的绿色贷款，鼓励其购买更加环保和节能的房屋和建筑材料。

最后，市场作为各主体聚集的"实际场景"，建筑领域实现"双碳"目标需要政府、企业和社会各方在市场中的共同努力。社会各方可以鼓励和支持绿色建筑的发展，从而共同推动建筑领域节能降碳，为可持续发展做出贡献。

4. 行业引导力

建筑领域是一个复杂的系统，单靠企业自身难以实现"双碳"目标。因此，需要行业来引导企业实现"双碳"目标，它是实现"双碳"目标的重要手段和保障。行业引导力可以包括发展建筑节能、重视建筑设计、推广可再生能源、实现建筑垃圾分类等方面。

发展建筑节能。建筑节能是实现"双碳"目标的重要举措之一。建筑行业可以通过提高建筑的节能标准，采用新型节能材料、技术等手段，降低建筑的能耗，减少碳排放。例如，采用高效隔热材料、使用LED灯，以及利用智能控制系统等手段来减少建筑能耗，进而减少碳排放。

重视建筑设计。建筑的设计阶段也是实现"双碳"目标的重要环节。建筑设计应当充分考虑节能、环保等因素，设计出更加环保、可持续的建筑。同时，建筑设计也应该注重建筑与周边环境的协调，打造更加生态友好的城市。例如，在设计建筑时考虑采用绿色植物覆盖屋顶，利用雨水进行灌溉等手段，能够更好地促进城市生态环境的改善。

推广可再生能源。可再生能源是实现"双碳"目标的重要手段之一。建筑行业需要减少对传统能源的依赖，通过采用太阳能、风能等可再生能源的方式降低碳排放。例如，在建筑物的屋顶安装太阳能电池板，利用太阳能发电等手段，能够降低建筑物对传统能源的依赖，同时也能够减少建筑物的碳排放。

实现建筑垃圾分类。建筑垃圾是建筑行业的一大污染源，建筑行业应该加强对建筑垃圾的管理，推广建筑垃圾分类处理，减少对环境的污染。例如，建筑行业可以建立垃圾分类处理系统，分类收集、处理建筑垃圾，实现资源的再利用，减少对环境的影响。

与此同时，数字化转型正成为建筑行业顺势而为、乘势而上的好契机。作为历史悠久的传统行业，建筑行业的数字化转型不可能一蹴而就，中国建筑企业应迎难而上，破局而出，努力适应数字化转型的新态势，积极拥抱建筑行业数字化新未来。同时，行业组织也需要发挥更加积极的作用，找准"双碳"战略实施的"节点行业"[88]，推广低碳技术和产品，区域间协同打造先进建筑行业体系，促进行业内企业的合作和发展，共同实现"双碳"目标。

5. 社会促进力

随着全球气候变化的日益严重，减少碳排放已成为全球共同的责任。建筑行业是全球碳排放的重要来源之一，因此建筑领域实现"双碳"目标已经成为全球关注的焦点之一。在建筑领域实现"双碳"目标，不仅需要企业或市场的转型，还需要全社会的积极参与和推动，作为单独主体的社会在这一进程中可以发挥重要作用。

第一，建立低碳意识。建立低碳意识是实现建筑领域"双碳"目标的重要前提。社会应该加强对低碳生活的宣传与教育，提高公众对低碳环保的认识，培养低碳生活习惯。建筑领域的从业者也应该深入了解低碳建筑的概念和技术，推广低碳建筑的理念，提高建筑的能源利用效率。

第二，增强能源节约意识。建筑行业是一个能源密集型行业，建筑物的能源消耗是导致碳排放的主要因素。因此，增强能源节约意识是减少碳排放的关键。社会可以通过开展宣传活动，普及节能知识，提高公众对于节能、环保的认识，从而促进全社会形成共同的能源节约意识。

第三，推广绿色建筑材料。建筑领域的碳排放不仅来自能源消耗，还来自建筑材料的采购、生产和运输等环节，推广绿色建筑材料可以有效地减少这一部分的碳排放。社会可以支持和鼓励绿色建材的生产、销售和使用，同时加强对建筑材料的监管，防止造假，保证绿色建材的质量和安全。

第四，加强环境治理。首先，环境治理能够促进建筑领域的技术创新和产业升级，推动建筑领域向低碳、环保、可持续的方向发展。其次，环境治理能够提高建筑领域的公众意识和环保意识，推动社会主体积极参与实现建筑领域的"双碳"目标。倡导绿色生活，加大环境治理力度，将建筑领域"双碳"目标实现路径与构建新发展格局相融合[89]，保证人群了解发展低碳建筑的社会意义，将发展低碳建筑与建设和谐社会相结合，推进人、自然、建筑物的和谐统一。以社会群体意愿提升为导向，形成一个成熟统一的社会氛围，促进低碳建筑的发展。

9.2 整合性路径建议

随着全球气候变化的加剧，建筑领域排放的碳越来越受到关注。建筑相关碳排放占据全球碳排放总量的40%，是全球最大的碳排放来源之一[90]。因此，建筑领域应该积极采取措施减少碳排放，成为应对气候变化的重要一环。

本节将提出一些整合性的建议，以帮助建筑领域控制碳排放。表9-1展示了不同建议所对应的实施主体以及建筑生命周期阶段。

9.2.1　完善政策体系支撑

政府应当通过政策法规和经济手段，引导建筑行业实现能源效率的提高。制定能源标准和节能法规，以及提供财政补贴和税收优惠等经济激励措施，通过这些政策手段，政府可以促进建筑行业更快速、更全面地实现"双碳"目标。

整合性路径建议分类　　　　　　　　　　　表9-1

序号		整合性建议	参与主体	生命周期阶段
1	完善政策体系支撑	建立建筑碳排放核算体系	政府	建筑全生命周期
		制定统一环保建材标准	政府、行业	建材生产阶段
		出台激励扶持政策	政府	建材生产阶段
2	加快减碳技术创新	建材生产低碳工艺研发	企业	建材生产阶段
		能源替代与电气化推进	企业	建材生产阶段
		建材回收与再利用	企业	建材生产阶段
3	更新市场运行机制	培育新型碳金融产业	市场、行业	建筑全生命周期
		发挥市场资源配置作用	市场	建筑全生命周期
		创新企业管理手段	市场、企业	建筑运行阶段
4	加强社会监督治理	加大环境治理力度	社会	建筑全生命周期
		构建社会监督体系	社会	建筑运行阶段
		打造绿色建筑生态布局	社会	建筑全生命周期
5	强化数字平台支撑	提升整体数字化协作水准	行业、企业、社会	建筑全生命周期
		数字化科技服务商整合内外部资源	行业、企业、社会	建筑全生命周期
		产业链内企业加强生态协同效应	行业、企业、社会	建筑全生命周期
		以BIM为核心构建数字建筑平台	行业、企业	建筑全生命周期

1. 建立建筑碳排放核算体系

建立建筑碳排放核算体系，可以对建筑物的碳排放进行精准计算和评估，为制定相应的减排措施提供科学依据。同时，建筑碳排放核算体系的建立还可以促进建筑行业的可持续发展和环保理念的普及。

建立建筑碳排放核算体系包括以下四个步骤：

第一，确定核算范围。核算范围的确定需要考虑建筑的完整生命周期，从原材料采购、建筑施工、使用阶段到拆除及废弃处理，确保核算范围全面、准确。

第二，确定计算方法。碳排放计算方法包括直接排放和间接排放两种。直接排放是指建造过程中产生的CO_2排放，比如施工期间的机械使用，建筑物的供暖、通风和照明等。间接排放是指建造过程中间接产生的CO_2排放，比如材料制造和运输等。

第三，确定数据来源。数据来源需要准确、可信，包括建筑材料、建筑设备、施工过程、建筑使用过程等数据。数据的准确性和可信度对于碳排放核算的准确性至关重要。

第四，确定监测和报告机制。监测和报告是确保建筑碳排放核算体系顺利实施的重要环节。建筑行业需要建立监测机制，对碳排放情况进行实时监测和跟踪，及时发现问题并采取措施。同时，建筑行业需要建立报告机制，及时向相关部门和社会公众公布碳排放情况，实现信息透明。

此外，还需要根据中国气候特点和建筑工程实际情况，制定统一的建筑碳排放核算体系标准要求：修订执行统一的地方标准，在具体落实中加以控制，分阶段实施对建筑的降碳要求；根据国家和地方要求，重点控制建筑全生命周期中的活动水平数据和碳排放因子，将降碳措施量化成可调可控参数。落实碳排放核算体系，突破节能降耗和资源利用的瓶颈。从能源转型的角度出发，探索一条建筑行业发展的新路径。

2. 制定统一环保建材标准

建筑材料在零碳建筑中占据着重要地位。政府可以通过制定环保建材标准，引导建筑行业采用环保、可再生的建筑材料，主要包括以下几点步骤：

研究相关政策法规。在制定环保建材标准之前，建筑行业需要深入了解有关环保建材和标准的相关政策法规，如生态环境部颁布的《建筑工程用砂、石、混凝土、砖及瓦规范》和《建筑材料环境标志产品标准》等。这些政策法规为建筑行业制定标准提供了法律依据和指导思路。

审查现有标准。建筑行业需要审查现有的环保建材标准，评估其适用性和实用性，发现不足之处，并对其进行修订和完善。这有助于建筑行业在制定新标准时避免重复和冲突。

制定标准。在审查现有标准的基础上，建筑行业可以开始制定新的环保建材标准。这需要组织专家团队，开展科学评估和实地调研，收集并整理相关数据和信息，制定出符合实际需求的标准。

公示和实施。制定好的环保建材标准需要在行业内进行公示和宣传，让更多的人了解和认可这些标准。随后，建筑行业需要开始实施这些标准，通过监督和检查，确保各个企业和消费者都能遵守标准。

在制定统一环保建材标准的基础上，针对性地解决建材碳排放量过大的问题，加强绿色低碳建材应用。优化建材产品结构，推动建材行业绿色低碳转型发展，采用环保低碳建材产品，做好建筑材料行业进入碳市场的准备工作。加快建立绿色建筑材料认证标识，出台绿色低碳建材名单，科学合理地实现材料替代，在建筑中增加采用钢材等能效更高更易回收利用的建筑材料。

大力推广合理的结构体系，统筹建筑全生命周期降碳减排[91]。加强政策引导和标准制定，以及市场价格平衡等手段，积极引导建筑行业使用合理的结构体系：一是建议使用实用性较强的钢结构，推广光伏建筑；二是大力推广使用装配式建筑，不仅降耗减污，还可以循环利用。在发展过程中，结合实际，逐步作为强制性要求推广。

3. 出台激励扶持政策

提高政府在降低碳排放方面的影响力，可以提高对新型建材研发的政府补助投入、支持创新型建材企业的发展、对降低碳排放的建筑企业进行补贴或奖励，保证政府在此过程中的影响力。

聚焦建筑全生命周期绿色化低碳化，抓关键环节和重点环节，以有限的资金发挥最大带动效应。在扶持政策制定中，对通过市场机制能够达到绿色目标的，不再使用财政资金支持[92]。支持政策聚焦于建筑建造、运维、绿色消纳等环节的全生命周期管理，重点放在有应用推广价值、有市场前景的项目成果上，使真实做出绿色业绩的企业能够得到财政支持。

绿色建筑认证促使建筑企业自主选择低碳发展道路。政府可以出台绿色建筑认证政策，鼓励建筑商和开发商建设符合绿色建筑标准的建筑物，这些标准可以包括使用环保材料、采用节能设备和技术、实现可持续性等。例如，中国政府实施了"绿色建筑三星标识"计划，对符合节能标准的建筑进行评定，并给予相应的标识和奖励。这些标准的实施不仅能够减少碳排放，还能够提高建筑的整体能耗效率，降低建筑运营成本。此外，在中国进行绿色建筑认证涉及省级和市级两个层面的政策，由于两个层面的政策重叠，导致了绿色建筑认证的效率打折。上海市出台了《关于绿色建筑认证的工作指导意见》，提出了省级和市级政策的对接和协调，使企业在遵守标准的同时，尽量减少重复的审核和审批环节，提高绿色建筑认证的效率。

农村建筑节能政策的实施促进农村建筑碳排放减少。农村建筑常常存在着能源消耗过度的问题，如老旧建筑中使用的热水器、空调等能源消耗设备，以及建筑结构不合理导致的能量浪费等。为了减少碳排放，政府可以采取多种措施，如替换老旧设备、加强建筑节能改造、推广新型建筑材料等。此外，政府的政策支持也是农村建筑节能的重要保障。政府可以制定相关法律法规，对节能建筑给予税收优惠等政策支持，鼓励农村居民采用节能设备，提高节能意识。同时，政府还可以提供技术支持和资金支持，促进农村建筑节能技术的研发和应用。

政府也可以通过资金支持来促进建筑领域减排。例如，欧盟实施了"智能城市"计划，向城市提供资金支持，用于建设智能建筑和绿色公共交通系统。这些资金不仅可以用于建筑的改造和升级，还可以用于建设新的绿色建筑。这类投资在实现减少碳排放的基础上，还促进了本国的经济发展。

税收政策也是激励减少碳排放的一种手段。各国政府通过出台建筑领域碳排放的税收减免政策来鼓励企业和个人减少碳排放。例如，英国政府实施了"碳减排税"，对碳排放量高的企业进行征税，并对采取减排措施的企业给予税收减免。这些税收政策可以促进企业和个人采取更加环保的行为，同时也可以为政府提供一些减排收入。

响应国家碳达峰战略要求，将碳达峰支撑项目纳入措施范围，以政策引导减少建筑碳排放，推动低碳技术研发、成果转化和推广应用。加大对超低能耗建筑扶持，建成一批超低能耗建筑示范项目。加大既有建筑改造力度，降低建筑运行能耗。鼓励绿色建筑创新发展，推动建成一批高品质绿色建筑。

9.2.2 加快减碳技术创新

根据国际能源署（International Energy Agency，IEA）的研究结果，现有成熟技术可以满足碳达峰目标下90%的减排需求，但只能满足碳中和目标下50%的减排要求，尚不足以支持碳中和目标实现[93]。建筑领域是全球CO_2排放的主要来源之一，在当前环境保护意识不断提高的背景下，低碳技术逐渐成为建筑领域的主流趋势。

1. 建材生产低碳工艺研发

建材生产企业在生产过程中会产生大量的CO_2排放，其中，水泥生产企业是最主要的碳排放行业之一。据统计，全球水泥生产企业的碳排放量占全球总排放量的5%左右，这些排放会对环境造成严重的影响，如全球气候变暖、海平面上升等。因此，建材生产企业的减碳技术研发刻不容缓。

技术创新是推动建筑领域低碳发展的重要动力。建材生产企业在建筑碳排放降低过程中占据重要位置，它是整个建筑生命周期的起点。建材生产企业应加大对建材研发的投资，不断创新低碳建筑材料，同时在生产过程中降低碳排放也是企业达到政府降碳要求的重要措施。

为了减少建材生产企业的碳排放，需要研发减碳技术。例如，采用新的燃烧技术、能源回收技术、再生利用技术等，都可以有效减少碳排放。其中，新的燃烧技术可以有效地降低能源消耗和碳排放，能源回收技术可以将废弃物转化为能源，再生利用技术则可以将废弃物变废为宝。

另外，建材生产企业还可以通过节能减排来达到减碳的目的。例如，优化生产工艺、改进设备、提高能源利用效率等，都可以有效地减少碳排放。同时，可以通过生产过程的监控和管理来减少能源的浪费和废弃物的产生，从而进一步减少碳排放。

对于建材生产企业而言，减碳技术的研发和推广不仅可以减少碳排放，还可以降低企业的生产成本，提高企业的竞争力，为企业带来更多的商业机会和发展空间，同时促进环境保护和可持续发展。

2. 能源替代与电气化推进

绿色技术攻关对中国"双碳"目标的实现起着关键作用。近年来，中国的高耗能行业主要通过淘汰落后产能来节能降碳，随着落后产能存量的明显下降，节能降碳已转向对现有产能进行技术改造和提高产能效率的阶段。中国需要提前规划"双碳"推进路径和技术攻关，以减缓接下来的减排压力，满足深度减排的需求。

建筑行业的能源主要来自于化石燃料，如煤炭、石油和天然气等，这些能源的使用对环境造成了极大的危害。因此，探索可替代能源和实现电气化推进是至关重要的目标。建筑企业要主动升级研发绿色建材、机械设备相关技术，通过研发和应用新技术，提高建筑能源效率，减少碳排放[94]。例如，应用智能控制技术、太阳能技术、地源热泵技术等，可以有效地减少建筑的能源消耗。

在可替代能源方面，太阳能和风能是两种较为成熟的选择。太阳能光伏发电系统可以通过安装在建筑物屋顶或墙壁上的太阳能电池板来收集太阳能并将其转化为电能，而风能则可以通过安装风力涡轮机来收集。这些替代能源不仅可以减少污染，还可以大大降低建筑行业的能源成本。

此外，电气化推进可以提高建筑行业的能源利用效率。通过使用智能电力系统，建筑物的电力供应可以实现集中控制和管理。采用智能控制技术，可以实现对建筑内的照明、空调、电梯等设备的自动控制，避免能源的浪费。同时，建筑物内的电力系统还可以与电网互联，实现建筑物能源和电力系统的互动。

3. 建材回收与再利用

建筑行业是CO_2排放的主要来源之一，为了减少对环境的影响，可以通过回收和再利用建筑材料来减少碳排放。资源化回收处理可使建筑材料复用，减少环境压力，从而降低能源的消耗和碳排放，实现全行业碳中和。以日本、美国和欧盟国家为首的一些发达国家从20世纪90年代开始，由上至下利用政策推动建筑垃圾回收利用的资源化处理，时至今日平均资源转化率已经高达90%，有助于整个建筑行业实现资源再利用。与发达国家相比，中国建筑垃圾的资源化处理迫在眉睫。

混凝土和砖石作为建筑中最常用的材料，可以被回收和再利用。回收混凝土可以通过碾碎和筛分来制成再生混凝土，节省原材料和能源。同样，回收砖石也可以被加工成再生砖石，降低生产成本。此外，木材作为建筑中常用的结构材料，也可以被回收利用。使用回收的木材可以减少砍伐原始森林，降低碳排放，回收木材还可以延长其使用寿命，并减少浪费。金属是建筑中常用的材料之一，通过回收和再利用金属材料，可以减少能源消耗和碳排放。回收金属还可以降低生产成本，因为不需要再从新的原材料中提取金属。

建筑材料回收利用是减少碳排放的重要措施。通过回收和再利用混凝土、砖石、木材和金属等材料，可以减少能源消耗和碳排放，同时还可以降低生产成本。为了保护环境，未来应该更加重视建筑材料的回收利用，以减少对环境的影响。

9.2.3　更新市场运行机制

建筑领域是全球最大的碳排放来源之一，因此减少建筑领域的碳排放已成为全球应对气候变化的关键。为了推动建筑领域减少碳排放，需要更新市场运行机制，从而促进碳减排技术的发展和推广。

1. 培育新型碳金融产业

大力发展数字经济、高新科技产业和现代服务业，培育绿色低碳新产业。完善绿色产品推广机制，推广合同能源管理（EMC）服务，扩大低碳绿色建筑材料供给，建设碳排放气候变化投融资政策体系，建立以建筑企业为主体的碳交易市场[95]。

碳资产是指一切与碳排放权相关的资产，包括碳排放权、碳减排项目、清洁能源等。碳金融则是一种将碳减排和低碳技术应用转化为金融产品的方式。在建筑行业中，碳金融可以通过资金支持、技术支持等方式，促进建筑行业的低碳化发展。例如，碳金融可以为企业提供资金支持，鼓励其采用低碳材料和节能技术，从而降低温室气体排放。同时，碳金融也可以提供技术支持，帮助企业开发新的低碳技术，提高建筑行业的能源效率。

碳交易市场是指以温室气体排放配额或温室气体减排信用为标的物进行交易的市场。在建筑行业中，碳交易市场可以通过碳配额交易、碳信用交易等方式，促进建筑行业的减排。例如，碳交易市场可以通过碳配额交易，使存在碳排放权缺口的企业为获取排放权付出经济"代价"，从而激励企业主动采用低碳材料和节能技术。同时，碳交易市场也可以通过碳信用交易，鼓励企业采用可再生能源和清洁能源，从而获得更多的碳信用。按照能源转型思路，以引领和倡导的方式，并结合建筑碳排放核算体系筹制定适合中国当前发展要求的碳排放限额，促进低碳经济转型、实现碳中和目标[96]。

2. 发挥市场资源配置作用

建筑行业是能源消耗较高的行业之一，低碳发展已成为行业发展的必然趋势，市场资源配置作为一种有效手段，在建筑行业低碳发展中具有重要作用。

发挥市场对绿色技术创新方向、技术路线、要素价格、各类创新要素配置的决定性作用，强化市场主体在绿色技术研发、成果转化、应用以及产业化中的主体作用；同时，通过创新气候投融资模式，为市场主体自主探索碳达峰碳中和发展路径开辟融资渠道，降低投资风险。提高"政、产、学、研、金、介"融合推进效率，解决好绿色技术创新过程中存在的创新成果产出少、转化率低、科研创新与产业实践脱节等问题。扩大绿色技术市场需求，通过政府、公益组织等进行绿色宣传教育，培养社会公众绿色环保意识，引导全社会绿色消费。

第一，强化市场资源配置可以促进低碳技术的发展和应用。通过市场机制的作用，低碳技术的研发、生产和销售都可以得到有效的支持，从而推动低碳技术的普及和应用，进一步推动建筑行业的低碳发展。第二，市场资源配置可以优化建筑能源消耗结构。市场资源配置可以根据市场需求和供给情况进行资源的调配，从而优化建筑能源消耗结构，推广绿色建筑和可再生能源的使用，减少传统能源消耗，降低碳排放量，实现建筑行业可持续发展。第三，市场资源配置可以提高建筑行业的竞争力。通过市场资源配置，建筑企业可以优化资源配置，提高生产效率和产品质量，降低生产成本，从而在市场上获得更好的竞争优势。同时，强化市场资源配置也可以促进建筑行业的转型升级，推动行业的高质量发展。

3. 创新企业管理手段

管理创新也是企业推动零碳建筑发展的重要手段。企业可以通过优化管理流程、提高管理效率，降低建筑能耗和碳排放。例如，建立智慧能源管理系统，实现建筑能源的实时监控和管理，可以有效地控制能源的浪费和损失。此外，企业还可以通过建立环境管理体系，实现建筑物的全生命周期环保管理，从而实现绿色、可持续的发展。这些管理创新可以帮助企业提高资源利用效率，降低成本，同时也可为环境保护做出贡献。

此外，企业还可以通过建立绿色供应链，引导供应商采用环保、可再生的材料，实现整个产业链的绿色化。产业链的技术创新不仅可以通过让企业更好地掌握业务流程，从而帮助企业获得市场竞争优势，同时也可以为社会和环境做出贡献。最后，企业还可以通过开展技术培训和知识普及活动，提高员工和客户的环保意识，促进零碳建筑发展。这些知识普及活动可以帮助企业树立良好的企业形象，提高企业的社会责任感和公信力。

9.2.4　加强社会监督治理

建筑领域是一个重要的碳排放领域，其对环境造成的影响不容忽视。建筑领域减少碳排放是当前全球范围内的一个重要议题。同时，加强社会治理和监督也是实现建筑领域减少碳排放的重要手段。

1. 加大环境治理力度

实现"双碳"目标与推进大气环境治理是双向协同的。统筹协调大气污染物减排与温室气体控制，不仅是绿色低碳发展转型的现实需要，也是推进环境与气候协同治理体系和治理能力现代化的重要举措，更是推动经济高质量发展和生态环境高水平保护、促进碳排放达峰行动的战略选择。

由于 CO_2 与大气污染物同根同源，大气污染物减排与碳减排具有一致性，以环境治理为目标引致的能源结构转变，并不会明显抑制经济发展。为实现"双碳"目标，需要持续巩固提升碳汇能力，除了从源头降低碳排放外，即便实现了全产业链电气化与能源替代，仍然存在少部分难以脱碳的领域和少部分排放；

除了利用森林、海洋碳汇等方式进行这部分碳排放的自然吸收外，还需要发展碳排放"最后一公里"的产业，通过发展装载负碳技术，比如空气捕集CO_2技术（DAC）等最终实现近零碳排放的目标。

加大环境治理力度对于减少建筑领域的碳排放至关重要。环境治理不仅可以优化建筑材料的生产过程，降低能源消耗、减少碳排放，还可以促进建筑节能技术的应用，降低建筑物的能耗。最后，从社会层面来看，环境治理可以规范人对建筑物的使用行为，引导人们形成低碳环保的生活方式，减少碳排放。

2. 构建社会监督体系

加强组织领导，确保专项行动顺利开展。充分发挥各城市绿色建材推广应用协调组的作用，与各相关部门、区市、协会和企业协调配合，组织实施专项行动，督促落实重点任务。统筹绿色建材生产、使用、标准、评价等环节，搭建推广绿色建材公共服务平台，督导专项行动的深入开展。

强化政策配套，扶持绿色建材发展。利用现有渠道，引导社会资本，加大对共性关键技术的研发投入，支持企业开展绿色建材生产和应用的技术改变。将绿色建材评价标识信息纳入采购、招标投标、融资授信等环节的采信系统。着手研究设立绿色建材发展专项资金，加大对绿色建材生产企业及示范项目的支持力度。

严格评价管理，规范绿色建材发展。根据《绿色建材评价标识管理办法实施细则》和《绿色建材评价技术导则（试行）》要求，组织和评价绿色建材产品，定期发布评价结果与标识产品目录，指导建筑行业和消费者选择绿色建材。

加强行业管理，推动建材工业转型升级。严格落实行业准入标准，引导企业增强对做好环保、能耗、质量和安全管理工作以及承担社会责任的认识。支持以真空玻璃为核心，包括真空玻璃制品、装备配件生产及科研开发和生产服务等产业链建设。推广应用高性能混凝土和干混砂浆，推进特种和专用水泥应用。鼓励企业兼并重组，转型升级，进一步优化产业结构。

开展广泛宣传，营造专项行动良好氛围。利用电视、网络和报纸等大众传媒，以召开新闻发布会、表彰会、推介会等形式，发布绿色建材评价标识、产品目录、绿色建材生产企业和星级绿色建材产品、试点示范等信息；普及绿色建材知识，宣传绿色建材企业及产品，强化公众绿色消费理念，营造促进绿色建材生产和应用专项行动的良好氛围。

3. 打造绿色建筑生态布局

绿色建筑是指在建筑设计、施工、使用和拆除全过程中，尽可能地减少对环境的影响，实现资源的最大节约和循环利用，提高建筑使用价值和资源利用效益的建筑。绿色建筑生态布局是指建筑企业与绿色金融产业、减碳技术研发产业形成良好的支撑与辅助关系，构建互利互惠的生态布局。

在绿色建筑设计中，合理组织建筑空间和功能布局，使其满足使用者的需求，同时兼顾节能、环保、绿色生态等因素。构建绿色建筑生态布局可以最大限度地减少建筑对环境的影响，实现生态、经济和社会的可持续发展。建筑企业在对环境和社会方面的影响承担责任的同时，绿色金融产业可以为建筑企业提供资金支持和技术支持，以实现可持续发展。例如，绿色债券和绿色贷款可以为建筑企业提供低成本资金，以支持可持续建筑项目。此外，绿色金融产业还可以为建筑企业提供绿色技术和绿色建筑咨询服务，以帮助他们实现可持续发展目标。

以绿色金融、技术孵化支撑绿色建筑产业，积极与外部合作，形成项目全周期的智能化管理，实现降本增效，注重降本提效、风险把控，为建造过程的绿色低碳提供数字化保障，形成良性循环，为建筑企业实现"双碳"目标不断助力。

9.2.5　强化数字平台支撑

数字平台是减少碳排放的有效工具之一，其发展为建筑行业提供了各种各样的解决方案。数字平台可以帮助业主、设计师和施工人员更好地协作，从而实现碳排放的减少。

1. 提升整体数字化协作水准

目前，建筑行业存在大量数据孤岛，建筑建造各阶段数据独立存储，数据价值难以充分挖掘，行业数字化基础整体较为薄弱。同时业内企业的管理能力及数字化水平参差不齐，甚至有大量企业尚未形成积累内部数据的模式及体系[97]。为解决这一问题，借助数字化科技服务商提供的云端服务和相关技术构建的管理体系，建筑产业链各环节上的企业将得以快速建立完善的数据体系和信息共享机制。这将使得发展程度和管理水平参差不齐的企业得到快速赋能与可落地的产业链协作基础。

2. 数字化科技服务商整合内外部资源

为解决当前服务于建筑产业链单一阶段的问题,头部服务商致力于打造建筑全链条的数字化服务产品体系,以服务于建筑全阶段的参与方。服务商将充分整合内部能力,重新定义和拆解复杂耦合的业务模式、模块和流程,并明确各产品及服务的业务边界,实现内部业务流程的整体优化[98]。同时,服务商将加强与产业链内的其他节点企业的战略合作关系,推动建筑全生命周期的数据流转,为最终用户提供集成化的产品服务。在此过程中,服务商将建立清晰的业务边界,从而实现内部系统的数据和平台之间的互通与应用,最终实现提高整条产品和服务流通链路的质量和效率,并追求合作共赢的目标。

3. 产业链内企业加强生态协同效应

针对建筑产品全生命周期的应用,B端业主方在项目建设过程中投资、建造、交付至最终用户,各参与方需充分融合业主需求,实现整个行业从以产品(服务)为中心向以业主为中心的转型。为促进整个产业链的协同发展,企业应最大化协同效应,包括数据协同、资源协同及流程协同,从而实现整个行业资源的优化配置。

4. 以BIM为核心构建数字建筑平台

基于数字建筑平台的协作发展定义未来,数字建筑平台将成为建筑行业转型升级的核心引擎,其中以建筑信息模型(Building Information Modeling,BIM)为核心的数字建筑平台成为重要趋势。数字建筑平台将横向覆盖设计、造价、施工、运维等环节,纵向覆盖企业、项目、岗位等维度,协作式升级持续深入。数字建筑平台的三维图形平台引擎是平台和产品的重要支撑,在功能上将贯穿项目全过程,升级产业全要素,链接项目全参与方,系统性地实现全产业链的资源优化配置,最大化提升生产效率,赋能产业链各方。因此,数字建筑平台有望成为建筑行业未来的核心发展方向,推动建筑行业的可持续发展。

A.1　法国布依格集团

1.　公司简介

　　法国布依格集团（Bouygues Group）是实力强大的多元化建筑集团，由Francis Bouygues成立于1952年，总部位于巴黎，其核心业务是工程建设。布依格是世界第五大建筑集团，作为开发商、建筑商和运营商，它活跃于建筑与土木工程、能源与服务、房地产开发和交通基础设施领域，是国际工程领域房屋建筑、土木工程、电气安装和维修等方向的领头羊，同时也涉足于电信和传媒领域。布依格集团的市场以法国和其他欧洲国家为主，同时积极拓展北美、亚洲、非洲以及加勒比地区等国际市场，目前已在世界上80多个国家和地区开展业务，拥有12万家合作伙伴。根据2022年度美国《工程新闻纪录》（*ENR*）评选的2022全球最佳承包商，布依格集团位列第四。《财富》（*Fortune*）世界500强的排名为314位，在上榜建筑企业中，仅位列万喜集团和ACS集团之后（除中国企业）。2022年度集团营收达到443.22亿欧元，净利润9.73亿欧元，目前在全球拥有近20万名员工。

2.　与环境相关的公司战略及行动

（1）宏观趋势战略分析

　　在2021年，布依格集团提出了四大宏观趋势的概念，并认为未来其会成为对公司发展产生重大影响并需要重点关注的因素：

　　人口增长、城市化和交通：在许多地区人口老龄化的趋势将进一步延续，同时城市化的进程也会对消费模式和交通需求产生影响。因此，布依格集团提出更多建造模块化结构（Modular Construction）建筑来更好地适应变化的消费者需求；注重健康、可持续性发展的城市建筑翻新。

　　气候和生物多样性危机：在全球气候异常化和污染加剧的大背景下，布依格集团认为公司应该在设计产品时更多地思考其对环境的影响，提出未来的重点是在生产中实现低碳化；利用环保和生物质材料；关注可再生能源和节能方案。

数字科技化转型：数字科学技术如5G在快速地改变每个人的日常生活，布依格集团也希望在业务中持续进行数字化转型，利用新的数字科技提升运营效率，为客户提供优质服务。布依格集团建筑公司的数字化项目管理战略总监Frédéric Gal表示目前设计阶段技术已比较成熟，但施工阶段的数字化有待优化，提高BIM的细致程度和实景级别，使建设周期顺畅。

客户行为的多变性：客户对于产品的期望和购买的习惯都在多重因素的影响下发生改变，从公司的调查中发现，越来越多的客户希望设计的项目能够有创新独特的绿色环保元素。于是在设计新项目的时候，布依格集团将绿色能源、降低能耗、可持续性发展理念加入客户的方案中。布依格集团认为需要关注循环经济原则，即环保和再利用；更重视共同协作的平台；将产品和服务进行定制化。满足客户低碳环保需求的设计能力将成为其公司业务扩张的重要方向。

（2）制定气候战略

考虑到气候紧急状况带来的挑战，布依格集团制定了一项气候战略，以减少其整个价值链中的温室气体排放，并帮助其产品和服务的客户和用户实现去碳化目标。自2020年起，布依格集团已做出切实承诺，以符合《巴黎协定》的速度在2030年前减少自身及其客户的碳足迹。作为获得科学目标倡议（SBTi）认可过程的一部分，集团各业务部门所选择的温室气体减排目标都进行了调整。

在低碳环保发展的背景下，布依格集团对旗下子公司制定了具体的目标要求，对于建筑相关业务的三大子公司来说，集团提出要在2030年前至少减少30%的碳排放，为了实现目标，要从几个不同的角度来改革目前的业务情况，比如在使用的原材料上进行改变，从原来的水泥为主的项目转化为木材，集团承诺到2030年30%的项目将只使用木材作为主要结构。另一个方面是要在施工中降低能耗，比如Colas子公司推出的半热半冷沥青混合EcoMat，创新的沥青产品比传统的沥青在施工过程中减少45%的碳排放。

除了设定目标并说明如何实现这些目标外，集团各业务部门还在2022年启动了气候战略的全部或部分具体行动，比如采用更可靠的碳审计计算以及开展产品生命周期碳评估：

针对范围1和范围2[①]温室气体排放：改变所使用的能源，采取行动减少能源

[①] 范围1是指来自企业拥有和控制资源的直接排放；范围2是指企业购买的能源（包括电力、蒸汽、加热和冷却等）产生的间接排放。

消耗（遵循ISO 50001标准、监测能源消耗、监督工地、提高能效等），降低与能源消耗相关的直接和间接温室气体排放量40%。

针对范围3[①]温室气体排放：采用生态设计、增加"低碳"材料（低碳混凝土、木材等）的用量、发展循环经济、改变现有产品系列以提供适应未来气候的更可持续的产品和服务，以及为集团客户和供应商提供支持，帮助他们共同减少碳足迹和资源使用，降低与上游生产环节有关的温室气体排放量30%。

3. 具体实践案例

（1）建筑物热力改造

为了实现欧盟设定的节能目标，预计到2050年，欧洲有近1.9亿个家庭需要进行热力改造。布依格集团很早就瞄准了这个具有高增长潜力的市场，其子公司在建筑物的能源改造方面已开发了各类解决方案。2009年，布依格集团发起了名为Rehagreen的商业建筑翻新计划，该计划旨在帮助业主和投资者长期提高其物业资产价值。2016—2020年，布依格集团的Rehagreen修复项目占集团正在建设或已交付的商业地产项目总面积的35%。

（2）城市生态社区建设

自2016年以来，在可持续城镇研究所的协同合作下，布依格集团参与了法国两个可持续社区示范项目。一个是Greencity可持续社区，该社区的设计核心理念是考虑人们的幸福宜居生活和能源节约的平衡。一个是Fort d'Issy数字生态社区，共拥有1620套住宅单元，该项目的生物气候设计、地热能进行供暖、热水以及家庭自动化控制的能源消耗都确保其高能源效率。此外，布依格集团也在积极探索建筑垃圾的回收利用，承接了巴黎一个场地翻新项目，涵盖9个分拣流程，通过选择性结构的方法取代传统拆除，实现循环经济。

（3）建筑材料再利用

法国生态转型部的数据显示，法国建筑业每年产生4600万t垃圾，其中80%的废弃物可以循环利用，但只有1%得到了实际再利用。于是布依格集团成立了一家专门从事建筑材料再利用的子公司——Cyneo，旨在发展建筑行业的循环经济。布依格集团拥有大量的建筑工地，它将为再利用材料提供许多销售渠道，并

---

① 范围3是指企业价值链中发生的除范围2以外的所有间接排放。

提供签订供应合同的机会。Cyneo则提供保险和法律咨询、最佳实践交流、法规监督和培训课程等方面的解决方案,其数字平台可使再利用材料的供应与需求得到匹配。Cyneo将助力布依格集团大规模提高循环经济材料的再利用率。

A.2 英国零碳工厂建筑事务所(ZED Factory)

1. 英国ZED Factory简介

英国ZED Factory在1999年由建筑师Bill Dunster首创,公司一直致力于低碳建筑设计和开发。ZED Factory使用久经考验的技术,创造出每天都令人兴奋和实用的设计,但从长远来看,这些设计是独特的、经济的和可靠的。目前,ZED Factory是零碳设计和开发领域的领导者,在英国和全球范围内交付零(化石)能源开发(ZED)建筑方面有着独特的记录。该公司提供全方位的建筑服务,从大型"生态村"的总体规划和设计到一次性的个人建筑委托。

与此同时,ZED Factory还与英国领先的学者和顾问密切合作,对其设计的低碳建筑的能源消耗和整个生命周期碳成本进行建模,以确保实现尽可能低的环境影响。ZED Factory也是低碳生活的领军人物,在设计和实现各种类型和规模的节能建筑方面拥有丰富的经验。该公司的零碳建筑项目设计受到世界各地客户的追捧。

ZED Factory也是世界低碳建筑领域标杆式先驱——贝丁顿社区的设计者。20年来,它一直致力于研究最新的节能和低环境破坏技术,在全球从大规模的"生态城"的总体规划到单体建筑设计提供全方位专业的零碳建筑能源设计方案。

2. 建筑减碳案例——英国贝丁顿零碳社区

"一个地球生活"计划中的英国贝丁顿零碳社区,是首个世界自然基金会和英国生态区域发展集团倡导建设"零能耗"社区,有人类"未来之家"之称,又被称为"贝丁顿能源发展"计划。此计划在2000—2002年间完成,自始至终贯穿着可持续发展及绿色建筑理念。贝丁顿零碳社区是位于英国伦敦西南萨顿市的一个城市生态居住区,是世界上第一个完整的生态村,也是英国最大的零碳生态社区和规模最大的零能耗发展项目之一。它是由英国零碳工厂(ZED Factory)与百瑞诺公司(BioRegional)、皮博迪信托公司(The Peabody Trust)、奥雅纳

（Arup）及英国首席生态建筑师比尔·邓斯特（Bill Dunster）联合开发，贝丁顿零碳社区坐落于伦敦南郊沃灵顿区，距伦敦市区30～40min车程，火车和公交都可方便到达。社区内共有99套公寓和住房，容纳约250位住户。社区内通过巧妙设计并使用可循环利用的建筑材料、太阳能装置、雨水收集设施等措施，成为英国第一个同时也是世界上第一个零CO_2排放社区。

（1）建筑生产、物化阶段

贝丁顿零碳社区选址于一片废弃土地上。在建设之初，选用可持续的建筑材料，保证为"自然的、回收利用的、在生态村半径35英里内可以找到"的材料：房子的刚架结构来自废弃的火车站，木头和玻璃从附近的工地回收，砂土、砖等其他材料均在最近距离的地方购买。选用木质窗框而不是低品质的未增塑聚氯乙烯，仅这一项就相当于在制造过程中减少了10%以上的CO_2排放。严格的质量要求使得建筑计划寿命都超过120年。同时高密度的建筑布局有助于减少建筑物散热，办公与住宅建筑相混合，可以在未来缓解交通能耗。社区内多功能公共空间的设计（运动场、菜地、洗浴、娱乐中心等）使居民生活需求最大限度在社区内解决，减少居民出行能耗。这一系列设计不仅能减少建筑建造和使用的能源消耗，也有助于防止建筑垃圾的产生。

（2）建筑运行阶段

贝丁顿零碳社区采用热电联产系统为社区居民提供生活用电和热水。热电联产发电站不使用天然气和电力，而是使用木材废弃物发电，并能在发电的同时供热。热能方面，以因地制宜、融于自然的低碳理念，将降低建筑能耗和充分利用太阳能和生物能结合，形成一种"零采暖"住宅模式。根据英国季节特点，所有住宅设计坐北朝南，可最大限度铺设太阳能光伏板，使其充分吸收日光，在相对面积内最大限度地储存热量和产生电能。北向采用3层中空玻璃，配合超保温墙体等使得房屋本身的能量流失降到最低，采用自然通风系统降低通风能耗，屋顶颜色鲜艳的风动通风帽不断转动引入新鲜空气、排出污浊空气，并实现室内废气和室外寒冷空气的热交换，屋顶大量种植的半肉质植物"景天"，不仅有助于防止冬天室内热量散失，还能改善整个生态村的形象和吸收CO_2。

在水资源循环利用方面，贝丁顿零碳社区的雨水经过自动净化过滤器的过滤进入储水池，居民用潜水泵把雨水从储水池抽出来，可直接清洗卫生间、灌溉树木以及打造花园水景。而冲洗过马桶的水，则经过"生活机器"（即生活污水处理设施），利用芦苇湿地对生活污水进行过滤后再利用。通过收集雨水冲洗厕所、生活污水就地净化、中水循环利用、使用节水电器和马桶，通过循环过滤提高水资源的利用效率。上述低碳设计可以实现每人每天15L的节约用水。

在交通设施方面，贝丁顿零碳社区减少小汽车交通的目标在社区设计上得到充分体现：社区内提供就业场所，实现住商两用，住宅及商业空间共存，通过就地就业和就地消费以减少居民交通需求，降低通勤环节的CO_2排放。同时为社区居民提供生活服务设施，进一步有效减少了居民的出行需求。在必要交通出行上，社区为电动车辆设置免费的充电站。其电力来源于所有家庭安装的太阳能光电板，总面积约为777m^2。峰值电量高达109kW/h，可供40辆电动车使用。

3. 建筑减碳案例效果及评价

根据统计，贝丁顿零碳社区建设成本比伦敦普通住宅的建筑成本要高50%。但从长远来看，社区建筑前期投入多、后期耗费少，既减少整个社会的成本，又减少了社区的长期能耗。与同类居住区相比，在保证生活质量的前提下，贝丁顿住户的采暖能耗降低了88%，用电量减少25%，用水量只相当于英国平均用水量的50%。除了贝丁顿零碳社区项目外，ZED Factory还为英国城市和乡村提供零碳整套房屋解决方案（Zero Carbon Kit House），并以中低密度房屋设计为主要产品供应，这些房屋大多就地取材采用木质结构，提供零碳设计实现房屋建筑和运行过程的净零碳排放。

近年来，从具备20年实践经验的贝丁顿零碳社区开始，到ZED Factory设计的零碳最新迭代建筑"零账单社区"，ZED零碳产品也从无到有地发展起来，包括自主开发的建筑碳计算和预测工具、模块化和拼装式建造方法、高集成度BIPV产品、被动式空气调节系统及园区内的慢行交通工具和储充系统。

A.3 法国万喜集团

法国万喜集团（Vinci Group）是一家有百年历史的建筑企业，是全球领先的建筑企业，也是国际最大的承包商之一，目前已形成特许经营、能源、建筑、房地产的业务布局，具备"设计+建造+运营"的一体化业务能力。法国万喜集团于2020年对外公布了集团将以自研自建为主要模式结合对外收购与合作，开展多领域的绿色建筑产业化探索落地，同时万喜集团确立了脱碳和废物管理目标，包括2030年温室气体排放比2018年降低40%，间接碳排放较2019年降低20%，到

2050年直接碳排放降低100%，制定企业活动流程的回收和再利用政策以及工作材料的供需管理政策，改善供应商、合作伙伴和客户活动产生的间接碳足迹等（附图A-1）。

1. 万喜集团低碳发展布局

万喜集团形成了"一源一策"推进降碳、打造循环经济、完善管理体系三方面的低碳布局（附图A-1），全方位协同推进建材生产、建筑施工、建筑运行与建筑拆除回收四个阶段节能降碳。

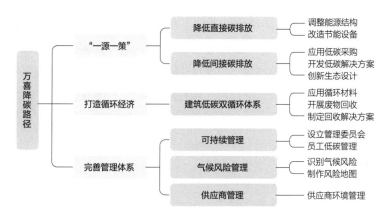

附图A-1　万喜集团节能降碳推进路线
（数据来源：万喜集团可持续发展报告，中大咨询整理）

（1）"一源一策"推进降碳

1）降低直接碳排放

万喜集团的碳排放主要来源于工业活动（44%）、施工器械和重型车辆（22%）、其他车辆（22%）、自有建筑（12%）等四方面，均具有高能耗特点，因此万喜集团有针对性地根据各项碳排放来源制定对应的节能降碳行动计划：

①优化工业活动能源结构。开发Edrice数字化能耗检测工具，实时监测工业设施能源消耗与CO_2排放，通过电动化改造设备、使用天然气替代燃油、使用低碳原材料等途径降低碳排放。

②施工设备与自有车辆节能改造。开发Linaster和E-Track工具采集施工机器和车辆能耗数据，通过更换低排放设备与车辆、培训员工低碳驾驶习惯的途径来优化设备与车辆的能源消耗。

③调整建筑能耗结构。使用Eleneo工具监测建筑物的电表与燃气表，通过安装光伏发电装置来利用可再生能源优化能源来源，并通过安装LED照明设备、更新制冷供暖设备等举措来改造建筑。

④部署可再生能源。万喜集团一方面大量部署光伏发电设施，为自身与客户提供可再生能源电力；另一方面与能源公司签署可再生电力购电协议，保证电力100%来源于可再生能源发电。

2）降低间接碳排放

与直接碳排放类似，万喜集团同样对间接碳排放的结构进行溯源，并"因源施策"针对相应的碳排放来源开展节能降碳举措。

对于上游碳排放，万喜集团根据原料与采购碳排放占比最高的特点（附图A-2），推动减少原料直接碳排放与采购流程碳排放。在原材料降碳中，一是在建造过程中选择低碳混凝土、低碳沥青等低碳原料，并与供应商形成合作开发低碳材料，以此减少原材料碳排放；二是优化施工过程，将节能环保理念融入建筑设计施工中，通过减少原材料的使用、回收原材料等方式降低原料消耗。

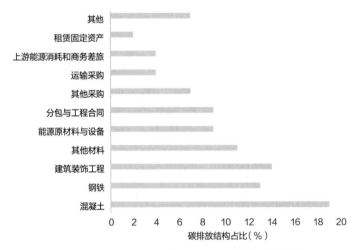

附图A-2　2021年万喜集团上游间接碳排放结构
（数据来源：万喜集团2021年年报，中大咨询整理）

在采购过程降碳中，万喜集团一是通过应用低碳运输工具、优化运输距离、确保满载运输、在生产地点之间建立双向货运流、改造原材料和工程程序等方式推动降低原料运输碳排放；二是使用绿色包装、循环包装，减少原料交付碳排放。

对于下游碳排放（附图A-3），万喜集团依托于产业链地位，从提供节能降

碳解决方案、建设低碳基础设施、拓展降碳业务等角度推进交通、建筑、能源的
节能降碳。

①打造低碳交通。万喜集团重点采取了四项举措：一是在交通服务区内安装
充电站、加气站、可持续航空燃料加注站，来推广低碳能源交通工具；二是在高
速公路上建设拼车停车设施，以拼车和多式联运的方式来提供低碳出行解决方
案；三是基于飞机起飞着陆周期的CO_2排放，对着陆费设置折扣或附加收费，以
差异化服务费倒逼航空公司采购低碳排放飞机；四是利用数字技术优化公路运输
路线，提高货运客运效率，发展运输优化服务。

②打造低碳建筑。第一，万喜集团依托于与法国政府的合作关系，对几项典
型建筑项目开展全生命周期的能耗与碳排放监测及预测，制定了E+C–低碳建筑
标签，推动建筑碳减排。第二，推动建设更生态环保的城市布局，将工业基地进
行修复，并改造为符合可持续发展标准的城市生态区。第三，提供现有建筑物的
节能改造服务，通过节能设计与改造来降低现有建筑能耗水平，并对建筑回收改
造，转换建筑用途，提高建筑生命周期利用率。

③打造低碳能源。一是提供优化公共照明、监测建筑能耗、监测工业活动能
效、设计并安装智能电网等服务，提供能源优化解决方案。二是建设低碳能源基
础设施，如可再生能源设施、储能系统设施、生物质能生产设施、自然资源利用
系统。三是在废弃的高速公路、矿场、工地等地点建设光伏电厂，为附近工厂与
电网提供可再生电力，以此提供低碳能源生产业务。目前万喜集团风能与太阳能
总装机容量达12GW。

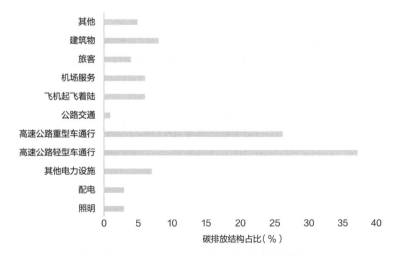

附图A–3　2021年万喜集团下游间接碳排放结构
（数据来源：万喜集团2021年年报，中大咨询整理）

（2）打造循环经济体系

万喜集团通过使用低碳循环材料、推动废物回收利用、开发循环解决方案的措施打造了完整的循环经济体系（附图A-4），提高万喜集团资源利用率，推进集团节能降碳。

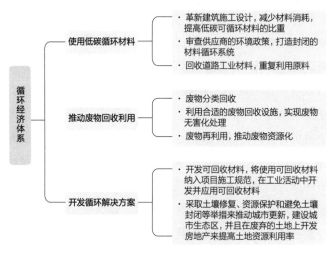

附图A-4 循环经济体系

（数据来源：万喜集团2021年年报，中大咨询整理）

（3）完善管理体系

1）完善可持续管理体系

万喜集团通过设立社会责任委员会搭建了完善的管理架构，并将节能降碳工作纳入日常管理，同时培养员工低碳意识，促进低碳实践。在管理架构方面，万喜集团于2017年设立了战略与社会责任委员会，将社会责任融入企业战略中，提高了社会责任、可持续发展的战略优先级。

在管理实践方面，万喜集团一是完善激励机制，通过设立万喜环境日、举办团体"环境奖"竞赛的方式为员工搭建交流平台，并选取优秀节能降碳案例进行奖励。二是完善培训机制，在现有培训系统内加入环境保护模块的学习，以提高员工对环境问题的认识，同时针对各项业务条线展开对应的节能降碳技能培训。三是完善文化培养机制，利用气候相关的装饰品来教育员工了解气候变化的原因和后果，并与供应商、环保机构共同举办外部气候保护研讨会，对各类环境保护问题进行探讨，培养员工的环保意识。

2）完善风险管理体系

万喜集团识别气候变化带来的各项风险，并绘制了相应的风险地图，针对气候变化带来的政府监管风险、紧急物理损失风险、资源短缺风险、环境质量风险，给出了相应的应对举措，帮助集团规避损失，并且更好地推进节能降碳工作。

3）完善供应商管理体系

万喜集团以责任采购管理架构为基础，制定了供应商环境标准体系，以可持续性评估结果为依据开展采购活动，推动万喜集团降低碳排放。在管理架构方面，万喜集团形成了自上而下的采购管理架构。在集团层面设立采购代理委员会，负责监督集团内部的全球采购路线图，并设立跨业务线采购委员会，负责制定运营决策、发挥集团业务线间的协同作用。在子公司层面设立了集团采购协调部、可持续采购经理、采购枢纽俱乐部三个跨业务部门或职位，负责协调沟通客户网络、业务运营团队、非财务（环境）团队，发挥采购协同作用。

在供应商管理实践方面，万喜集团一是开展供应商环境绩效评估，在集团层面与子公司层面上，将环境标准纳入采购规范和相关框架协议中，并在投标阶段或供应商合同中设定环境评价标准，通过可持续发展问卷的方式获取供应商环境绩效。二是开展采购环境风险评估，对各项业务条线中的采购项目进行分类，识别各项环境气候风险，并绘制相应的风险地图，与供应商开展合作采取措施防范气候风险。三是采购团队培训，一方面更新线上培训课程，帮助采购人员理解采购指南的内容，并提高采购人员对相关气候问题的认识，另一方面提供相应的环境绩效工具包，帮助采购人员在采购过程中考虑环境气候问题。

2. 万喜集团低碳发展成效

万喜集团碳排放与碳强度呈下降趋势，低碳发展布局取得了良好效果。从碳排放总量来看，万喜集团从2018年的242万t降低至2021年的225万t，直接碳排放减少约17万t，较2018年下降7%。同时，万喜集团营业收入除2020年受疫情影响产生了下滑，整体呈逐年增长趋势，在碳排放总量呈下降趋势下，碳排放与业务增长脱钩，低碳发展取得一定效果。从碳排放强度来看，到2021年已经降低至0.46万t/亿元，表明万喜集团通过低碳发展举措取得了良好的节能降碳效果。

3. 万喜集团低碳发展启示

万喜集团的低碳发展主要集中于业务、管理与循环经济三方面，为建筑企业因源施策制定低碳发展策略、构建完善的供应商管理体系以及打造完整的循环经济体系等都提供了借鉴。

（1）因源施策制定低碳发展策略

因源施策制定业务，需要先摸清家底，做到知根知源。对于直接碳排放，建筑企业需要对内部用能主体进行摸查，把握建筑施工运营过程中的能耗与碳排放情况，可以通过开发数字化工具实时监测工业设施、车辆、建筑物的能耗情况，为制定低碳发展策略提供数据支撑。对于间接碳排放，建筑企业需要重点识别上游生产材料的采购排放、下游产品服务主体排放，如上游混凝土与沥青的生产运输、下游建筑运营中的供电供热均会带来大量的碳排放。建筑企业可以采用优化采购程序、应用低碳原材料、推进低碳建筑、提供建筑节能改造服务等措施来针对间接碳排放源降碳。

（2）构建完善的供应商管理体系

构建完善的供应商管理体系，需要认真制定采购标准，严格遵循低碳化采购原则。鉴于范围3的间接碳排放远高于范围1、范围2下的直接碳排放，严格供应商管理是建筑企业降低直接与间接碳排放的重要途径。建筑企业需要以供应商管理架构为基础，对采购人员进行培训，并开展供应商环境绩效评估、环境风险评估，从而发挥建筑企业在产业链上的优势，以环境采购理念来优化供应商管理，推动产业链协同节能降碳。

（3）打造完整的循环经济体系

打造完整的循环经济体系，首先需要增加对低碳循环材料的使用。在建筑企业"设计-建造-运营"的全阶段业务流程中，需要将低碳循环材料的理念融入其中，利用生态设计来实现材料减量化、低碳化、循环化使用，在采购中提高低碳循环材料与本地材料的采购占比，在建筑建造与运行中实现材料再利用。

其次，需要拓展废物回收管理。建筑公司在建造与运营阶段会产生大量的废物，实现废物的无害化、资源化处理是推动节能降碳的又一重点举措，因此建筑企业需要推动废物分类回收，建设废物处理站或与相关服务商合作将废物处理为可利用的资源，是实现循环经济的重要一环。

最后，需要开发循环解决方案。开发建设与更新城市是建筑企业的一大重要功能，建筑企业需要与供应商合作开发可回收材料，并将其应用于建筑活动中。同时，开发土地回收业务，通过土壤修复、资源保护和避免土壤封闭等领域的举措来推动城市更新，并提高土地资源利用率。

A.4　奥地利斯特拉巴格公司的低碳转型路径

奥地利斯特拉巴格公司（STRABAG SE）是一家具有超过180年历史的建筑工程公司，提供全球范围内的建筑、工程、设计和管理咨询业务，是欧洲领先的建筑工程公司之一。

可持续发展是斯特拉巴格企业战略的核心支柱。公司的可持续发展战略着重于降低所有工作领域（包括办公室和建筑工地）的碳排放，减少所有流程、供应链和生产链中的碳足迹，2021年，斯特拉巴格首次通过了可持续发展战略，制定了到2040年实现气候中和的目标。

1. 公司概况

斯特拉巴格公司成立于1835年，总部位于奥地利维也纳，在全球超过70个国家开展业务，拥有79000多名员工。服务范围涵盖建筑行业的所有领域，涉及建筑的全过程价值链——从设计到规划，从施工到物业和设施服务，从运营到拆除。

斯特拉巴格公司连续多年在美国《工程新闻记录》（ENR）的"250家国际承包商"榜单中排名前十，2022年，该公司位列国际承包商第5名，全球承包商第17名，2021年，位列国际承包商第6名。

斯特拉巴格公司的业务通过三个按照地理位置划分的部门独立运营，分别是：北部+西部、南部+东部、国际+特殊。北部+西部包括几乎任何类型和规模的建筑服务，重点是德国、波兰、比利时、荷兰、卢森堡以及斯堪的纳维亚半岛。南部+东部主要包括环境技术相关业务，地理重点是奥地利、瑞士、匈牙利、捷克和斯洛伐克以及东欧南欧地区。国际+特殊部门包括隧道工程和特许经营业务，重点是交通运输基础设施方面的全球项目开发和建筑材料业务，房地产项目开发、规划、建设、运营以及物业和设施服务业务也包含在国际+特殊部门。

2022年，斯特拉巴格公司的营业收入为170亿欧元，同比增长11%，其中北部+西部运营部门占总营业收入的47%，南部+东部运营部门占总营业收入的32%，国际+特殊部门占总营业收入的21%。2022年公司营业利润为7.06亿欧元，利润率为4.2%，净利润为4.8亿欧元。

2. 低碳转型实施措施

为了实现气候中和（Climate Neutral）目标，斯特拉巴格制定了五个子目标，分别是：到2025年实现管理部门的气候中和，2030年实现建设项目的气候中和，2035年实现建筑运营气候中和，2040年实现建筑材料和基础设施的气候中和，到2050年助力欧洲实现气候中和。

斯特拉巴格在2021年采纳了新的可持续发展战略，将其融入长期发展战略，并针对不同业务单元制定适应性策略。作为欧洲领先的建筑技术服务公司，斯特拉巴格将重点放在环境友好和可持续建筑上，以限制对环境的负面影响。新的可持续发展战略以经济、环境和社会福祉三个支柱为基础，特别关注四个主要领域：CO_2排放、材料和废物、供应链及建筑生命周期。2023年5月26日，斯特拉巴格进一步加强了其业务合规体系，并获得了《反贿赂管理体系》ISO 37001和《合规管理体系》ISO 37301认证。

斯特拉巴格致力于成为气候友好型建筑的先驱，在塑造能源转型方面发挥积极作用，人、地球和进步是斯特拉巴格公司的重点关注领域，通过新的技术开发和对自然环境的关注，斯特拉巴格确定了新的历史使命——"不断进步"，并从三个方面实现低碳转型，分别是碳排放、材料与循环，以及数字化、流程和创新。

（1）碳排放

全球约35%的能源消耗和约38%的相关温室气体排放来自建筑行业，包括实际施工和使用阶段。数据是实现碳减排的基础，斯特拉巴格正在努力开发计算涵盖所有项目阶段的端到端碳足迹的方法。通过建立强大的数据系统，斯特拉巴格对不同国家、不同生产设施和各个建筑工地的大量数据进行编制、合并、评估与验证来衡量自身碳排放，并根据数据信息来确定减少排放的路径并设计自身流程。

斯特拉巴格在减少碳排放方面主要采取以下措施，包括：可持续材料的应用（低碳混凝土、气候友好型隔热和智能景观），不断扩大和使用可再生能源替代化石燃料，优先选择预制构件和模块化建筑，通过利用输送机上挖掘出的材料重量来生产电能，满足采石场约20%的电力需求，同时扩大内部发电量等。

采用低碳混凝土，可以将碳排放削减30%~50%，斯特拉巴格通过在斯图加特创新中心项目采用低碳混凝土，为其项目建设过程减少了1050t的CO_2排放。与其他类型的混凝土相比，低碳混凝土的使用无须额外测试或批准，而且在项目中不会对混凝土质量产生不利影响。

（2）材料与循环

建筑业是资源密集型行业。在欧洲，65%的水泥、33%的钢材、25%的铝和20%的塑料专门用于建筑物的建造。在德国，建筑业产生的废物占总废物的55%，相当于2.29亿t建筑和拆除废物，这些废物很少在不造成质量重大损失的情况下回收或再利用。斯特拉巴格的一项重要战略是将当前的线性经济模式转变为循环经济模式，并采取了一系列措施。

斯特拉巴格通过采用创新方法，实现智能循环经济。对于矿产建筑废弃物，如土方挖掘、石料、建筑垃圾和道路拆除物，斯特拉巴格采取措施避免浪费，并将这些废弃物进行高效回收和再利用。斯特拉巴格坚持将建筑视为循环过程，从开发和规划，到建设和运营，再到拆除和回收再利用，确保资源的最大程度利用和循环利用。斯特拉巴格在每个建筑项目中都充分考虑整个生命周期，从规划阶段就纳入拆除、处理和回收的成本，以最大程度地减少资源浪费和环境影响。同时，斯特拉巴格采取了环保认证和标签，将可持续发展绩效实现可视化展示，增加了客户和社会的认可。

（3）数字化、流程和创新

斯特拉巴格的数字化战略包括以下五个方面：消除信息孤岛、标准化业务流程和应用技术、数字业务流程推进、通过新技术实现一致自动化、确保数字设备的适用性和可用性。在数字化战略中，斯特拉巴格重视内部客户需求，通过稳定的传统IT领域和新的灵活数字领域，将数字化应用于新的流程和项目中，通过将过程优化转化为商业模式和服务，利用可用的数据，实现高效的合作。数字化转型不仅影响施工项目和相关人员，还改变了公司组织内部的流程。

斯特拉巴格的创新策略重点是在核心市场实现技术领先地位。公司专注于施工现场运营的应用，包括半自主机器和全自动化。斯特拉巴格在数字化施工现场方面应用了BIM 5D，通过数字模型在早期阶段规划施工过程。数字化转型和创新使斯特拉巴格能够更好地满足客户期望，提高现有流程的效率，并开发新的数字化业务模式。

3. 可持续管理机制

斯特拉巴格公司的可持续发展管理部门隶属于创新与数字化中心，负责公司范围的可持续发展管理，包括可持续发展战略的制定和发展，以及符合法律要求的非财务报告的管理。斯特拉巴格的可持续发展管理基于全球公认的规则和框架，如全球报告倡议（GRI）、联合国可持续发展目标（SDGs）和联合国全球契约。可持续发展战略的实施需要公司所有管理部门以及每一位员工的支持，目前正在进行整体价值链的减排行动，并制定了能够有效实现碳减排的路线图。斯特拉巴格致力于通过这些目标和措施来实现可持续发展和未来的碳中和。

A.5 法国圣戈班集团

法国圣戈班集团成立于1665年，是世界上规模最大、历史最悠久的建筑材料公司之一，总部设在法国的圣戈班集团具有生产、加工、销售高技术材料等业务并提供相应服务。圣戈班集团将原材料加工为先进材料用于我们的日常生活中，同时开发未来新材料。圣戈班集团是其所在行业的欧洲及世界领先者，并且是世界工业集团百强之一。圣戈班集团已在巴黎、伦敦、法兰克福、苏黎世、布鲁塞尔、阿姆斯特丹等交易所上市。在整车玻璃行业是新技术的引领者和创新技术的先行者，在汽车安全玻璃、增强玻璃纤维等研发和制造领域在全球占据领先地位。圣戈班汽车玻璃系统自1995年入驻中国上海闵行开发区以来，在汽车玻璃市场的份额不断增长，已成为世界闻名的汽车玻璃制造商之一。在科技创新、产品质量、客户服务上的卓越表现，赢得了客户的信赖。圣戈班汽车玻璃（上海）有限公司（简称"圣戈班汽车玻璃"）拥有全球先进的夹层玻璃压制技术，在高端玻璃制造领域实现标准化智能作业和数字化制造，为特斯拉、宝马、奔驰、沃尔沃等知名汽车生产企业提供多样化的高端玻璃成品及解决方案，是圣戈班集团在全球高端汽车玻璃制造领域样板项目，引领了全球汽车零部件产业数字化转型升级。

1. 行业先驱，开拓可持续发展之路

长期以来，圣戈班汽车玻璃一直将为人们创造更加美好的世界作为愿景，早

在2015年，圣戈班汽车玻璃事业部已开启了可持续发展之路，设立了自2015年起的各个阶段的碳排放目标。并且，在2019年9月，圣戈班集团正式宣布了碳排放的目标和计划，和中国的"3060"计划不谋而合。圣戈班集团将全面努力，力争到2050年在范围1、范围2领域率先实现零碳排放目标。作为圣戈班集团先进理念的有力推动者和执行者，圣戈班汽车玻璃也在2021年正式制定了属于自己的可持续发展目标和道路，将以2019年为碳排放基准年，在2019—2025年通过各类技术手段，期望在2030年实现范围1、范围2的零碳排放目标，且在范围3碳排放领域较2019年下降30%。在全面实现零碳排放的道路上，利用先进科技，从工艺提升、能源类型转换、绿电补充、能量回用等多方面着手，逐步实现全产业链的零碳目标。

2. 绿电先行，率先开辟碳中和之路

2016年6月，圣戈班集团与上海吉电吉能源公司合作在厂区东侧空地建立了草地光伏项目，该项目占地面积4.5万m^2，总发电量为3.64MW，总造价为3000万元。该项目建成后，年均实际发电量为3600～4100MWh，自项目建成之初至2021年，已帮助圣戈班集团节约用电20176MWh，相当于减少CO_2排放12558t。

3. 砥砺前行，先进工艺带动节能减碳

2017—2018年期间，进行了工艺变更的"三部曲"。2017年BT炉冷却段加了玻璃厚度及温控探测器，将定频降温风机改善为变频风机。根据生产的玻璃厚薄程度不同，调整风机转速，确保出口温度低于50℃，厚玻璃大风量，薄玻璃小风量，由此带来的年均能耗降低为923000kWh。2018年，采用玻璃快速成型技术，将原有较为低效的SPB120替换为MF180成型线，自动化技术大大提升，使得相同能耗下，整体效率提升30%，年均节约能耗15000kWh。同年，全面提升生产计划管理模式，同一产品类型集中同时生产，大大降低生产期间模具换型切换频率，减少了换型期间产生的无功能耗，年均减少能耗16000kWh。

2017—2018年，试点项目结束后，公司全年节约电量为960000kWh，年平均减碳600t。一路走来，在全面提升玻璃制造效率、降低单片玻璃的生产能耗方面不断创新突破，力争低能耗高效率，当前助力产品夹层玻璃单耗为1.51万kWh/km^2，在相关行业标准中属于先进水平。目前，引领汽车玻璃行业探索玻璃产品

轻量化研发与设计工作，进一步提升产品质量的同时，全面升级产线精益管理，提升减排效能，为客户带来更为优越质感的绿色、低碳、环保的玻璃产品。

4. 夯实节能减排基础，逐步迈向绿色低碳工厂

在2019—2021年期间，不断在工业基础上夯实节能减碳效能，从照明、风机、电机、加热等高耗能环节出发，通过产业升级，淘汰老旧设备设施，采用高效节能技术，全面向"低碳"汽车玻璃产品转型，向绿色低碳工厂逐步迈进。

2019年，在生产车间压缩空气管道末端增加了储气罐。增加储气罐后，起到一定稳压作用，可使设备末端管道压力从7.48kg降至7.28kg。经统计，每日可节约131.21kWh，全年可节约用电量达47235.6kWh。2020年，企业楼宇原有108W日光灯300余套，逐步淘汰换为38W的LED平面灯，由此带来年节约用电量为63504kWh。

原有工频高压空压机多台，由于高压釜用气呈阶段性变化，因此空压器需频繁启动进行保压，导致能耗升高。2020年，由此将多台空压机整体换为单台变频控制的空压机，避免了频繁启动，可节约5%空压机能耗，全年约节省能耗106000kWh。

拥有的多间印刷房原采用电热加热器进行加热，能耗较高、加湿效率较低。在2020—2021年期间，通过将加湿器从电极式改为高压微雾式，通过超声波膜片加湿技术，替换原有的电加热雾化，有效提高雾化效率，全年可节省能耗10908kWh。

2021年在玻璃清洗环节需要用到55℃的加热纯水，若直接采用电加热，则需消耗功率75kW，同时，拥有一台高压釜用空压机，在其降温过程中，将产生100kW的余热。由此在2020年开展了余热回收计划，在空压机内增加了一套热交换装置，将空压机产生的余热加热侧挡夹层线清洗机的纯水，可替代原有清洗机的电加热设备，每年节约电能608000kWh，年减排量相当于378t的CO_2。

2020—2021年，在印刷间的空调控制系统加装了一键启停功能，在生产线停机保养或放班的情况下，改变了以往需要专业制冷技术人员进行繁琐的关机步骤，经常发生关机不及时或者无人关机造成的能源浪费。操作工可以轻松在控制屏上进行一键启停，有效减少电机运行时间，年节约能耗88000kWh。

2019—2021年，在圣戈班集团可持续发展目标的引领下，公司全面探索低碳节能领域，平均全年节电量为1152072kWh，年平均减碳717t。

5. 5G能源管理，划时代的先进碳排放管理

针对玻璃后加工行业高能耗的特性，面对国家"双碳"目标和企业自身可持续发展的要求，2022年圣戈班汽车玻璃通过自动化、信息化技术和集中管理模式，对汽车玻璃在生产和耗能环节实行集中的数字化动态管理模式，监测内部电、水、温度、湿度、工厂安全状态等各类能源资源的消耗情况。利用5G能源管理平台，通过数据的收集、累计、分析、趋势预判，帮助能源管理人员针对各种能源需求及用能情况、能源质量、产品能源单耗、各工序能耗、重大能耗设备的能源利用情况等进行能耗统计、同环比分析、能源成本分析、用能预测及碳排放分析，有效改善了智能化能效管理。通过5G平台的数据支持，可以进一步挖掘节能减排潜力、提高能源利用效率、精准评估能源水平，创新节能减碳项目，扬长补短，更进一步迈向世界级绿色智能制造工厂。

5G能源管理平台将成为实现可持续发展及低碳之路的"大心脏"，为公司各能耗环节提供可测量的智能化平台，为公司进一步优化用能、精细管理提供有效的数据支撑。圣戈班汽车玻璃将基于该数据平台，进一步持续深挖"节碳点"，为公司智能化低碳发展提供原动力。

建筑领域碳排放核算方法

1. 建材生产运输阶段

考虑到数据的可得性，建材生产运输阶段的碳排放通常简化为五种主要建筑材料（钢材、水泥、玻璃、木材和铝材）的生产运输过程的碳排放总和，其计算公式如下：

$$CE_{ma} = \sum_{i=1}^{5}[M_i \times EF_{ma,i} \times (1 - \varepsilon_i)] + E_{tr} \qquad （B-1）$$

其中，CE_{ma} 表示建材生产运输阶段的碳排放；M_i 表示第 i 种建材的使用量；$EF_{ma,i}$ 和 ε_i 分别表示第 i 种建材的碳排放因子和回收系数；E_{tr} 表示建材运输过程的碳排放。由于回收的玻璃和木材通常不会用于建筑结构，故只考虑钢材和铝材的回收系数[99]。

建筑材料主要通过铁路、公路和水路三种类型的交通工具运输，建材运输过程的碳排放计算公式如下：

$$E_{tr} = \sum_{r=1}^{3}\sum_{i=1}^{5}(q_{ir} \times d_{ir} \times EF_{tr,r}) \qquad （B-2）$$

其中，q_{ir} 表示用第 r 种运输方式运输第 i 种建材的重量，由当年的铁路、公路和水路三种运输方式的货运量占比计算得出；d_{ir} 表示用第 r 种运输方式运输第 i 种建材的平均运输距离；$EF_{tr,r}$ 表示第 r 种运输方式的碳排放系数。

各省份的建材消耗量来自《中国建筑业统计年鉴》，各年度铁路、公路和水路的货运量来源于《中国统计年鉴》，铁路、公路和水路的碳排放系数分别为 0.001kg CO_2e/（t·km）、0.284kg CO_2e/（t·km）和 0.037kg CO_2e/（t·km）[29]。其他数据参见附表B-1。

2. 建造施工阶段

建筑建造施工阶段的能耗主要包括施工现场的直接化石能源消耗以及对电力、热力等二次能源的消耗，这些能源消耗所产生的直接和间接碳排放就是建造

建筑材料碳排放因子、回收系数和平均运输距离　　附表B-1

建筑材料	碳排放因子	回收系数	平均运输距离
钢材	1.789t CO_2e/t	0.5	
木材	0.270t CO_2e/m^3	—	
水泥	0.597t CO_2e/t	—	500km
平板玻璃	0.057t CO_2e/重量箱	—	
铝材	2.600t CO_2e/t	0.85	

施工阶段的碳排放。其计算公式为：

$$CE_{con} = \sum_{j=1}^{n}(E_j \times EF_j) + E_{el} \times EF_{el} + E_{he} \times EF_{he} \quad (B-3)$$

其中，CE_{con} 表示建筑建造施工阶段的碳排放；E_j 表示第 j 种化石能源的使用量；EF_j 表示第 j 种化石能源的碳排放因子；E_{el} 和 EF_{el} 分别表示电力的使用量和碳排放因子；E_{he} 和 EF_{he} 分别表示热力的使用量和碳排放因子。

化石能源碳排放因子的计算公式为：

$$EF_j = AL_j \times CC_j \times \alpha_j \times \frac{44}{12} \quad (B-4)$$

其中，AL_j 表示第 j 种化石能源的平均低位发热量；CC_j 表示第 j 种化石能源的单位热值含碳量；α_j 表示第 j 种化石能源的碳氧化率，$\frac{44}{12}$ 是CO_2与碳的分子量之比。

各类化石能源的消耗量来自《中国能源统计年鉴》，平均低位发热量来自《中国能源统计年鉴》以及《综合能耗计算通则》GB/T 2589—2020，单位热值含碳量数据来源于省级清单的《分部门、分燃料品种化石燃料单位热值含碳量》，碳氧化率的取值采用《2005中国温室气体清单研究》和CEADs公布的数据。计算出的各类化石能源的碳排放系数如附表B-2所示。

鉴于单个省份的电网难以与邻省分割，本书采用区域电网碳排放因子来计算外购电力的碳排放，其数据来源于国家发展改革委发布的《2011年和2012年中国区域电网平均二氧化碳排放因子》，如附表B-3所示。热力碳排放因子取值为0.1239t CO_2/GJ[100]。

由于统计年鉴中建筑业的能源核算边界包括了建筑拆除处置阶段的能耗，故上述计算结果包含了建筑建造施工和拆除两个阶段的碳排放，若要单独估计某个

化石能源的碳排放系数 附表B-2

化石能源	碳排放系数
原煤	1.6821t CO_2e/t
洗精煤	2.0826t CO_2e/t
其他洗煤	1.2015t CO_2e/t
煤制品	1.4418t CO_2e/t
焦炭	2.8672t CO_2e/t
焦炉煤气	11.5437t CO_2e/10^4m^3
其他煤气	5.9511t CO_2e/10^4m^3
其他焦化产品	2.5082t CO_2e/t
原油	3.0392t CO_2e/t
汽油	2.9273t CO_2e/t
煤油	3.0356t CO_2e/t
柴油	3.0573t CO_2e/t
燃料油	3.1936t CO_2e/t
其他石油制品	3.1197t CO_2e/t
液化石油气	3.3431t CO_2e/t
炼厂干气	3.0573t CO_2e/t
天然气	21.4145t CO_2e/10^4m^3

区域电网碳排放因子 附表B-3

电网区域	地理范围	平均碳排放因子（kgCO_2e/kWh）
华北区域电网	北京市、天津市、河北省、山西省、山东省、内蒙古自治区	0.8843
东北区域电网	辽宁省、吉林省、黑龙江省	0.7769
华东区域电网	上海市、江苏省、浙江省、安徽省、福建省	0.7035
华中区域电网	河南省、湖北省、湖南省、江西省、四川省、重庆市	0.5257
西北区域电网	陕西省、甘肃省、青海省、宁夏回族自治区、新疆维吾尔自治区	0.6671
南方区域电网	广东省、广西壮族自治区、云南省、贵州省、海南省	0.5271

阶段的碳排放，通常按9%的占比估算拆除阶段的碳排放[101]，剩余91%的碳排放为建造施工阶段产生的。

3. 运行阶段

建筑运行阶段的碳排放主要来源于既有建筑照明、采暖、制冷、炊事、电器等消费使用端的以天然气、电力、热力为主的一次和二次能源消耗。本书参考蔡伟光（2017）建立的建筑能耗拆分模型[102]，利用能源平衡表中"批发、零售和住宿、餐饮业""其他"和"居民生活消费"三个部门的能源消耗作为公共建筑和居住建筑的运行碳排放来源，并考虑将商业和公共服务业消费的95%的汽油和35%的柴油，居民生活消费的全部汽油和95%的柴油作为交通消耗加以扣除[103]。运行阶段的计算公式如下：

$$CE_{ope} = CE_{ser} + CE_{oth} + CE_{res} - CE_{tra} \qquad （B-5）$$

其中，CE_{ser} 表示"批发、零售和住宿、餐饮业"部门的碳排放；CE_{oth} 表示"其他"部门的碳排放；CE_{res} 表示"居民生活消费"的碳排放；CE_{tra} 表示以上三个部门的交通消耗。单个部门碳排放计算参照建筑业建造施工阶段的计算公式。

4. 拆除处置阶段

建筑拆除处置阶段碳排放由两部分组成：一部分是拆除现场化石能源以及电力、热力消耗产生的直接和间接碳排放。这部分排放通常与建造施工阶段的排放一起核算，在统计年鉴的建筑业能耗中占比约为9%。

另一部分是运输废弃物的过程中产生的隐含碳排放，以及废弃物回收利用所减少的碳排放。废弃物回收利用的减排是指再次利用该材料比选择全新建材所减少的碳排放，这一点在建材生产运输阶段的建材回收系数中得以体现。由于废弃物运输碳排放在建筑全生命周期碳排放中占比较小，且不少数据是通过假设估算的，故大多数研究对该部分碳排放进行了忽略[104, 105]。

附录C
单体建筑碳排放案例汇总

本书选择了17个不同地区不同类型的单体建筑案例进行分析，包括了全国不同位置、不同气候、不同类型以及不同环保能源政策下的建筑，保证所选案例覆盖大多数常见建筑类型，并通过这些案例分析建筑碳排放的影响因素，具体案例见附表C-1。

国内单体建筑碳排放案例汇总 附表C-1

序号	地址	类型	案例来源	面积（m²）	地理位置	是否为绿色建筑
1	广州	校内单体建筑	—	27066.70	南部	否
2	上海	大型公共建筑	上海建工集团股份有限公司	244630.21	中部	否
3	重庆	设计院建研楼	重庆市设计院有限公司	2978.10	中部	否
4	南京	商业、办公用房	东南大学建筑设计研究院有限公司	58337.44	中部	否
5	云南	公共建筑	—	15607.17	南部	否
6	沈阳	住宅项目	—	5610.50	北部	否
7	北京	大型公共建筑	北京科吉环境技术有限公司	369000.00	北部	否
8	山西	公共建筑	—	26504.00	北部	否
9	南京	零碳幼儿园	中铁二院工程集团	3132.56	中部	是
10	天津	绿色办公建筑	—	8198.26	北部	是
11	厦门	写字楼	—	24533.19	南部	否
12	上海	办公、实验用建筑	上海市建筑科学研究院	24261.00	中部	是
13	天津	住宅项目	天津建科建筑节能环境检测有限公司	6006.84	北部	否
14	西安	住宅项目	—	39173.00	北部	否
15	广州	住宅项目	—	45181.82	南部	否
16	南京	办公建筑	东南大学建筑设计研究院有限公司	28840.90	中部	否
17	辽宁	公共建筑	—	97000.00	北部	否

附录 D
国内外部分建筑被动式节能减碳技术的使用情况

国内外部分建筑被动式节能减碳技术使用情况汇总

国家/地区	建设性质	气候区	建筑类型	项目名称	被动式节能减碳技术								
					遮阳结构	自然采光设计	自然通风设计	无热桥处理	可再生能源	保温/隔热措施（外墙）	外窗节能	气密性措施	其他
中国成都	新建	夏热冬冷气候	办公	中建滨湖设计总部（中建低碳智慧示范办公大楼）	均有	√	√	√	太阳能	绿色植被覆盖外墙	三银双中空Low-E玻璃	√	雨水收集、绿色屋顶
中国天津	新建	寒冷气候	居住	中新生态城公屋二期	×	√	√	√	×	外保温/240mm GEPS/单层	铝包木三玻两空窗	√	×
中国河北	新建	寒冷气候	居住	在水一方住宅	×	√	×	√	地源热泵	外保温/250mm GEPS/双层	PVC包PS型材三玻两空窗	√	×
中国辽宁	新建	严寒气候	办公	沈阳中德楼	活动	×	√	√	地源热泵、太阳能	外保温/300mm GEPS/双层	PVC包PS型材三玻两空窗	√	地道风
中国山东	新建	寒冷气候	商业	中德生态园区体验中心	×	√	√	√	地源热泵	外保温/250mm 岩棉/双层	铝包木三玻两空窗	√	×

国家/地区	建设性质	气候区	建筑类型	项目名称	被动式节能减碳技术								
					遮阳结构	自然采光设计	自然通风设计	无热桥处理	可再生能源	保温/隔热措施（外墙）	外窗节能	气密性措施	其他
中国浙江	新建	夏热冬冷气候	居住	长兴布鲁克被动房	固定	√	√	√	太阳能	外保温/200mm GEPS/双层	铝包木三玻两空窗	√	×
中国安徽	新建	夏热冬冷气候	居住	天琴翠谷文化养生中心	×	×	√	√	太阳能	400mm高性能高强发泡混凝土	双中空玻璃窗	√	×
中国河北	新建	寒冷气候	办公	雄安新区政务服务大厅	×	×	×	×	地源热泵	外保温/250mm岩棉	三玻两空窗	√	×
中国河北	新建	寒冷气候	办公	建筑科技研发中心	均有	√	√	√	×	外保温/220mm GEPS	三玻两空窗	√	×
德国汉堡	新建	温带海洋气候	居住	汉堡式住宅公寓	×	√	√	√	×	外保温/300mm	√	√	×
新加坡	新建	热带雨林气候	办公	新加坡SDE4大楼	固定	√	√	√	太阳能	建筑两侧设计缓冲空间和隔离幕墙	×	×	×
德国乌尔姆	新建	温带海洋气候	办公	Energon办公楼	活动	√	√	√	地源热泵	外保温/350mm岩棉	√	√	×

续表

国家/地区	建设性质	气候区	建筑类型	项目名称	被动式节能减碳技术								
					遮阳结构	自然采光设计	自然通风设计	无热桥处理	可再生能源	保温/隔热措施(外墙)	外窗节能	气密性措施	其他
奥地利维也纳	新建	温带气候	办公	Energybase办公大楼	固定	×	√	√	地源热泵、太阳能	U值0.15W/(m²·K)	玻璃U值0.7W/(m²·K)	√	×
英国伦敦	新建	温带海洋气候	居住	Camden Passive House	活动	√	√	√	太阳能	U值0.11W/(m²·K)	三玻两空窗	√	×
塞浦路斯	新建	地中海气候	居住	Tseri Passive House	均有	√	√	√	×	玻璃棉	三玻窗充氩气	√	外墙反射涂层
罗马尼亚	新建	温带大陆气候	居住	罗马尼亚某住宅	×	√	√	√	空气水热泵、太阳能	外保温/300mm EPS	三玻两空窗	√	×
澳大利亚	新建	亚热带季风气候	居住	Chifley Passive House	均有	√	√	√	×	外保温硬质泡沫	两玻窗充氩气	√	×
英国杜伦	新建	温带海洋性气候	居住	某2014年独栋住宅	×	√	√	√	太阳能	外保温/150mm PUR	三玻两空窗	√	×
中国河北	改造	寒冷气候	居住	秦皇岛某住宅楼(1996)	×	×	√	√	×	外保温/保温砂浆和玻璃棉	Low-E中空窗	√	绿色屋顶

国家/地区	建设/建筑性质	气候区	建筑类型	项目名称	被动式节能减碳技术								
					遮阳结构	自然采光设计	自然通风设计	无热桥处理	可再生能源	保温/隔热措施（外墙）	外窗节能	气密性措施	其他
中国北京	改造	寒冷气候	办公	建筑工程研究院人防物化实验室	活动	√	√	√	空气源热泵	外保温或内保温/250mm GEPS	三玻窗充氩气	√	×
中国河北	改造	寒冷气候	办公	河北建筑科学研究院	×	√	√	√	×	外保温/220mm EPS	铝包木型材三玻窗充氩气	√	×
中国江苏	改造	夏热冬冷气候	居住	苏州同里湖嘉苑联排别墅4栋	×	√	×	√	×	外保温/160mm 保温板	聚氨酯型材中空窗	√	×
美国纽约	改造	温带大陆气候	居住	Tight House（1899）	×	√	√	√	空气源热泵、太阳能	U值0.19W/(m²·K)	三玻窗充氩气	√	×
德国	改造	温带海洋气候	居住	Pirmasens	×	√	√	√	太阳能	外保温/300mm EPS	三玻两空窗	√	×
德国图宾根	改造	温带海洋气候	办公	Ebok GmbH	×	√	√	×	×	外保温/240mm 保温板	木-聚氨酯复合型材三玻两空窗	√	海水土壤换热

续表

国家/地区	建设性质	气候区	建筑类型	项目名称	被动式节能减碳技术								
					遮阳结构	自然采光设计	自然通风设计	无热桥处理	可再生能源	保温/隔热措施（外墙）	外窗节能	气密性措施	其他
法国里昂	改造	温带海洋气候	居住	某独栋住宅（1970）	活动	√	√	√	×	外保温/100mm岩棉+200mm EPS	U值0.85W/(m²·K)	√	×
西班牙	改造	温带海洋气候	居住	Centon House（1950）	活动	√	√	√	×	外保温/120mm EPS	两玻中空窗	√	×
比利时布鲁塞尔	改造	温带海洋气候	办公	某办公综合体	×	×	√	√	×	外保温/240mm纤维素+50mm EPS	铝包木三玻两空窗	√	×
瑞典哥德堡	改造	温带海洋气候	居住	Helhetshus Arkitektstudio	×	√	×	√	太阳能	外保温/500mm纤维素	三玻两空窗	√	BIPVa

注：“√”表示已采取，“×”表示未采取。

附录E
低碳技术谱系

本书为清晰反映建筑领域低碳技术应用情况，制作出建筑领域低碳技术谱系，见附表E-1。

建筑领域低碳技术谱系 附表E-1

建筑全生命周期阶段	主要技术方向	具体内容
建筑设计阶段	被动式太阳能利用	自然采光设计（天井、建筑立面设置适量立窗、天窗、复杂屋顶形态、自然采光灯、采光管、光导管等）
		太阳能热水系统
		集热蓄热墙技术
	围护结构热工性能优化	体型系数设计
		遮阳设计（悬挑屋檐、向阳固定遮阳篷、内置百叶的双层外墙玻璃、活动式百叶窗、风雨防护式遮阳结构、深灰色Low-E夹胶中空玻璃、可自动调节角度的半透明玻璃板、百叶窗对角线和垂直板条、电子镀铬膜、双层精细的Y字形铝矩形幕墙、折叠姿态建筑外形为较低楼层提供被动式的遮阳、高科技材料参数化设计塑形成遮阳结构）
		建筑选址、朝向设计
		建筑保温、隔热设计（控制窗墙比例；设置外立面隔热层；设置三层玻璃的窗户系统；墙面设置大块低辐射玻璃；建筑外表皮镀低辐射膜；增加墙壁的厚度和密度；绿色植被覆盖幕墙、屋顶绿化；铝帷幕墙、隔离幕墙、双/多层幕墙；轻质高效的玻璃棉、岩棉、泡沫塑料等保温材料或者其他新型隔热保温材料；低遮阳系数的高性能太阳能玻璃和热绝缘材料；在室外环境和空调房间之间设置缓冲空间；墙体安装绝缘反射壁垒将大部分热量反射到楼宇内部；外窗框架安装隔热玻璃组件；窗户玻璃涂抹悬浮包覆膜；双层玻璃中充入惰性气体；电致变色玻璃窗；超绝缘材料；半覆土建筑形式；隔热窗帘等）
		控制门窗、幕墙气密性（高效节能窗、窗框等）
	水资源利用	雨水/用水收集循环系统

220

续表

建筑全生命周期阶段	主要技术方向	具体内容
建筑设计阶段	建筑通风设计（自然通风或者自然与机械联合通风）	通风井/中庭
		内外通透相互呼应的建筑结构
		浮力通风塔
		混合式通风系统
		可开合的自然通风口
		建筑朝向设计迎合自然风向
		退台式建筑设计样式
		通风塔自然通风
		地板下通风
		房间布局松散
		悬浮结构，提升建筑物的地坪高度
		自动开合百叶窗
		建筑内部绿色生态中庭
		波浪状顶棚提供气流通道
		地道风系统
	可再生能源发电	太阳能光伏板发电/建筑光伏一体化（太阳能光伏阵列；超薄光伏发电膜；建筑外围墙面、屋顶安装太阳能电池板阵列；"光储直柔"技术；集成在立面的太阳能收集器等）
		风能发电（外接风力发电场；建筑安装风力发电涡轮机/风力发电建筑一体化等）
		生物质能发电（沼气、食用废油）
	供暖与制冷系统	新风直接供冷设计
		混合式冷却，风扇和空调结合使用
		地源热泵交换加热冷却系统
		空气源—地源混合热泵
		太阳能—地热能混合热泵
		地下混凝土管道式地热交换系统
		地源开环地热交换系统
		集成供热制冷系统

建筑全生命周期阶段	主要技术方向	具体内容
建筑设计阶段	供暖与制冷系统	周边翅片管辐射加热
		水基热交换技术
		主动式冷量空调
		室内设置水池，对进入建筑内部的空气进行降温
		水循环地板辐射采暖/制冷
		自动控温地暖板
		集成吊顶
		利用海水进行制冷和供热
		湖水与高效热泵系统相结合保持室内温度
		太阳能墙供暖
		燃料电池将氢气转化成电能过程中产生的热量为建筑供暖
		热敏地板
		四向出风中央回风设计使空调冷风均匀送到各个角落
		烟囱通风、辐射板冷却与冷梁结合冷却系统
		空腔楼板
		相变材料
		冷吊顶
		外露波浪状顶棚，在夏季变成冷辐射体
		金属面板制成的辐射冷却吊顶
	其他节能设计	电梯发电
		燃料电池
		将中心的楼梯作为建筑的主要流线，使得建筑内人员优先使用步行通道而不是电梯
		停车场屋顶和隔墙错开或留有间隙，与外界联通，可以避免全天开启照明和通风装置
		厕所与楼梯间设置有高矮不一的墙以及根据光照方向扭转设计的窗，避免全天开启照明和通风装置
		门窗细节设计，在冬季门窗关闭的情况下也能通风换气
	碳汇	建筑园区绿化、生态园林

续表

建筑全生命周期阶段	主要技术方向	具体内容
建材生产运输阶段	原料替代	减少水泥碳酸盐用量[含钙资源替代石灰石；高贝利特水泥应用；硫（铁）酸盐水泥应用；含硫硅酸钙水泥矿物水泥研发；黏土煅烧水泥研发；低钙熟料水泥研发等]
		固废利用（水泥无害化处置废弃物；将无害工业固废作为主要原料生产超细粉等）
	节能降碳技术	水泥悬浮沸腾烧
		玻璃熔窑窑外预热
		窑炉氢能煅烧
		大型玻璃熔窑大功率"火–电"复合熔化
		全氧、富氧、电熔等工业窑炉节能降耗技术
		建材窑炉碳捕集、利用与封存技术
		低温余热高效利用技术
		气凝胶材料研发
	节能降碳装备	低阻旋风预热器
		高效烧成设备
		窑炉密封保温节能技术装备
		高效篦冷机
		高效节能粉磨机
		浮法玻璃一窑多线
		干法制粉工艺及装备
		电熔生产工艺及技术装备
		双膛立窑
		预热器
	用能结构转换	生物质燃料替代技术、垃圾衍生燃料替代技术等
	新型绿色低碳建材研发	低碳、零碳水泥
		低碳钢结构建筑材料
		新型凝胶材料
		碳纤维材料

建筑全生命周期阶段	主要技术方向	具体内容
建材生产运输阶段	新型绿色低碳建材研发	气泡混凝土板
		纳米漆
		卤性塑料
	旧建材、再生材料、就地选用建材	旧建材、老建筑的建材加以再生产或再循环利用
		再生砖、再生红木拼花地板
		再循环利用骨料（磨细粒状高炉矿渣）
		木材
		选用当地建材
	耐候材料	铁素体不锈钢、奥氏体不锈钢、奥氏体–铁素体双相不锈钢、马氏体不锈钢
建造施工阶段	全过程BIM设计	BIM能直观地从图形中查看整个建设项目的施工过程，能将建设项目详细呈现出来，施工人员可利用BIM模型进行施工技术模拟，实现BIM数据集成的4D应用，有利于工作人员实时掌握项目实际施工进度、施工量等数据，进一步降低施工中出现的资源浪费问题
	预制的模数化结构体系实现装配式安装建造	在工厂预先制造出某些模块化的结构件和构件系统，然后运输至工地，再进行现场组装和安装
	钢筋桁架楼承板与现浇混凝土梁板一体化支撑施工技术	将楼板中的钢筋加工成钢筋桁架，并将钢筋桁架与镀锌钢板焊接成一体的组合模板，楼板施工过程由钢筋桁架承受混凝土自重及施工荷载，镀锌钢板作底模，在合理的板跨度内无须增加模板支撑
	铝合金模板技术	以铝合金型材作为主要材料，经过机械加工和焊接等工艺制成的适用于混凝土工程的模板
	预拌砂浆技术	适合采用机械化施工，可以大大缩短工程建设周期
	永临结合技术	消防设施永临结合技术
		供电照明永临结合技术
		建筑给水排水永临结合技术
		通风系统永临结合技术
		道路永临结合技术
	资源再生利用技术	废旧混凝土再生利用
		废模板的再生利用
		废钢筋的回收利用

续表

建筑全生命周期阶段	主要技术方向	具体内容
建筑运营阶段	智能控制系统	自动调节室内光照
		自动开合百叶窗
		自动控制热交换
		自动调节遮阳玻璃
		高效制冷机房
		智能CO_2检测控制系统控制通风量
		能耗计量监控系统
	变频技术	水泵变频技术
		风机变频技术
	能量回收技术	排风热回收
		空调冷凝热回收
		内区热量回收
		燃气发电机组废热回收
		机械热回收
	节能变压器、灯具等电气设备	欧洲系列"TL5"荧光灯
		LED灯照明
		陶瓷复金属灯二次反射照明设计
		SCB13以上的节能变压器
	其他节能设备	具有储能功能的智能地板
		储能系统调节不同季节用电余缺
		低能耗厨房设备
		废物分离装置，燃烧可燃废物，转换为电力
建筑拆除阶段	废弃物处理	设备及废钢回收、危废处理、废液处理、污泥利用和土壤修复
	低碳拆除技术	化工装置水刀切割拆除、不动火拆除技术、电热棒拆除技术和冷钎拆除技术

附录F
国内零碳、低碳建筑发展成果

部分项目节能减碳措施和实现成效汇总　　　　　　　附表F–1

项目名称	节能减碳措施	成效
川开电气零碳园区智慧能源解决方案	·构建微电网（群）和配电网相互支撑新架构，在统一的平台上实现区域能源、一卡通、安防、管网、楼宇、停车交通及其他公共服务的智能化监控和智慧化运营； ·高比例电动汽车的充放电网络与电网深度融合； ·微型传感器实现智能主动运维； ·建筑光伏和分布式储能规模化应用，直流微电网在园区广泛普及； ·打造智慧能源与智能交通的融合以及多种冷热设备配合供能	◆ 实现能耗节约33.23%,万元产值能耗降低率32.46%; ◆ 光伏系统年均发电量144.08万度，折算标准煤177.07t，累计减排631.14tce; ◆ 每年可直接节省用能费用约181万元，间接节省能源成本600万元
齐鲁医药学院空气源热泵"零碳校园"工程	·项目采用互联网+热泵集中分布式的模式，在每栋建筑物的屋顶建设冷热站，无须长距离、大面积地铺设管道，降低管网热损且施工简单，灵活性强； ·借助互联网实现远程操控，数据远传分析； ·教学楼实现冷暖两用，采用超低温空气源热泵冷暖机组+卧式明装风机盘管的方式，学生公寓楼单供暖，采用超低温空气源热泵单暖机组+散热器的方式，达到根据使用需求且追求最佳舒适度	◆ 按签约面积折算出年可节约原煤3780t，节约原煤的同时，减少SO_2排放60t，减少CO_2排放 6300t，减少灰、渣排放量约1100t
光伏发电绿色建材	·黛瓦平面设计采用光伏组件与金属背板结合，玻璃表面纹理化设计，有效防止光污染； ·曲面设计表面材料采用钢化玻璃热弯成型，强度是普通瓦片的3倍，重量只有普通瓦片的1/2; ·采用特制砖石玻璃使产品色彩多样持久，低反光易清洁，高强度轻质化的建筑材料耐腐蚀； ·琉璃采用高效光伏电池+纳米光学膜结构，使光学损失小于15%，使建筑更加流光溢彩； ·采用建筑级封装材料，具有抗穿透、抗高低温冲击等特殊性能，与建筑同寿命	◆ $1m^2$光伏发电绿色建材约为180W，一天可以发0.72度电，一年可以发262.8度电，有效寿命25年内可以发电6570度，相当于节约标准煤2.3t，减排CO_2排放6.42t，减排$CO_2$0.2t，减排粉尘1.79t
天津宁河区农村集中供暖项目	空气源热泵热源站，实现消耗一份电能做功转换成热能，并从空气中搬运两份热能，把获得的三份热能用于供暖	◆ 能耗是普通电采暖的1/3，费用和燃煤采暖相当，没有废水、废气排放； ◆ 每个采暖季每平方米供暖面积可实现5元左右的毛利，预估10年收回全部投资

续表

项目名称	节能减碳措施	成效
深圳国际低碳城	·磁悬浮空调寿命比普通空调延长20%，同时可以实现更低能耗； ·建筑立面是通过利用BIM轻量化建模，每一层的情况和实时的建筑一一对应； ·整个园区三个馆的屋面5000㎡铺设光伏板； ·双碳云脑能源管控平台，引入AI、大数据、物联网等技术，对园区内空调、照明、充电桩、电动窗等建筑能耗相关设备进行精细化管理	◆ 三个场馆屋顶铺1.1MW光伏，每年预计可生产约127万度绿电，减少碳排放606t，相当于等效植树3.7万棵； ◆ 通过发储用智能协同和一体化调度，综合节能率最高可达15%； ◆ 会展中心三栋建筑的综合节能率>70%、本体节能率>20%
隆基绿能保山基地"零碳工厂"示范项目	·通过高比例乃至100%绿色电力的使用，大幅度降低生产制造过程中温室气体的间接排放量，为零碳工厂奠定基础； ·在厂区内外部进行绿化，通过绿色植物吸收CO_2以及有害气体，同时在厂区建设"零碳广场"提高全体员工绿色低碳意识和参与支持； ·通过沉积车间天然气尾气回收、熔制炉尾气回收、高温炉设备技改、坩埚车间水磨机引入，提高能源和原材料使用效率，减少生产过程中直接排放的温室气体	◆ 减少天然气使用量，按照天然气市场价格计算预计可以降低生产成本约1500万元/a； ◆ 减少温室气体排放量，保山基地的碳排放量预计从目前每年约3.2万t降低至0.32万t，降幅超过90%； ◆ 按照相关研究预测的"十四五"期间国家碳交易市场碳价68元/t计算，保山基地零碳工厂建成后减少的碳排放量，相当于为企业节省潜在碳交易成本约217万元/a
深圳国际低碳城"能源管理云+光储融合"近零能耗场馆项目	·汇聚能量流和信息流，智慧园区智能运营中心（IOC）实现各项能耗指标参数可视化； ·发储用一体化调度，从被动节能到主动节能，打造从测量、规划、行动到效果跟踪的全生命周期低碳管理系统，综合节能率最高可达15%； ·光伏逆变器采用多路MPPT（最大功率点跟踪）设计，智能组件支持组件级发电优化，提升整体发电量5%～30%； ·储能系统采用全模块化设计，一包一优化、一簇一管理，实现储能全生命周期每度电成本降低20%； ·逆变器可支持L4级智能电弧防护、0.5s快速关断，异常时优化器支持0V快速关断，提供更高安全保障	◆ 根据测算每年可生产约127万度绿电，光伏发电优先供给园区，可基本满足园区自用需求，总体投资回报周期在6～8a； ◆ 作为国内首个近零能耗场馆，每年可减少碳排放606t，相当于等效植树3.3万棵
青岛西海岸新区中德生态园森林幼儿园项目（"零碳校园"示范项目）	·项目利用高保温性能的外围护结构，保温性能良好的窗框和玻璃、无热桥设计和构造、密闭的围护结构技术，具备高效的气密性； ·新风机组选用高效热回收式，焓交换效率≥70%，最大限度回收室内排风的热量； ·充分利用可再生能源，屋顶设置太阳能光伏，冷热源采用空气源热泵； ·建筑内设备全部采用高效机电系统； ·利用智能自控系统及能源管理平台，实现节能低碳及精细化运营，助力建筑实现近零能耗	◆ 项目节能率达到60%，年节省电费约8万元，单供暖季比集中供暖减少能源费约11万元

项目名称	节能减碳措施	成效
三亚海棠湾集中供冷项目（"零碳酒店"示范项目）	·将采用多级压缩超高效制冷机组、冰蓄冷技术、天然气冷； ·热电三联供技术等多种技术融合利用，向区域内已建、在建和待建的各建筑物通过管网集中提供空调冷冻水、生活热水； ·选取世界先进的设备供应商和施工单位，保证运行的可靠性； ·通过大型集约化的机组和更高效的备用容量管理方案节约单位投资和运行成本； ·引入能源互联网，通过大数据和人工智能，实现基于需求侧的生产、供应管理，进一步提升能源利用效率，大幅降低CO_2排放； ·通过独有的"DYMOLA"（达索系统）及利用"ThermoSysPro"数据库等建模仿真系统量身打造"Sanya Twin"三亚供冷自控系统，同时法电中国区研发中心以及EDF R&D Prisime也利用自有的"Clevery"自控操作技术对三亚项目进行策略优化； ·区域供冷供热系统采用计算机控制技术实现系统的优化管理与控制	◆ 建成后，总节省标准煤13232.7t/a；CO_2减排量为86782t/a；SO_2减排量为2610t/a；NO_x减排量为1304.5t/a； ◆ 项目建成后，年可实现销售收入12166.85万元，生产期平均年缴纳销售税金及附加107.78万元，年均净利润3836.17万元，项目的投资利润率13.4%，全部投资财务内部收益率（税后）11.1%，大于基准收益率6%；全部投资财务净现值（税后）16952.75万元
朗诗绿色中心	·楼内的中央楼梯形成自然通风体系，并增加被动式建筑外围护系统、高效置换新风系统、热湿分控空调系统、楼宇智能化集成系统等创新科技； ·采用独创新风系统，将室外的空气经过净化过滤、温度处理、湿度处理并以高品质的形式送入室内空间，室内PM2.5过滤效果提升至95%以上； ·独有的"下送上排"方式将新风不断地从底部向高处挤压，将污浊的空气从顶部的排气口输送至室外； ·对材料"源头"管控，最大程度控制甲醛及TVOC，装修材料几乎实现零甲醛的配置，无污染的环境品质，能够有效降低员工病假缺勤率5%~15%； ·搭建IBMS系统管理平台，通过全楼582个传感器，科学有效地实现全楼信息采集及智慧化运作管理； ·通过全屋智慧控制系统，实时监测整栋楼的各项数据，包括室内CO_2浓度、温度、湿度等等； ·温控模块夏季稳态送风温度约20℃，无冷凝水产生，空调盘管始终处于干燥状态，从源头上杜绝霉菌滋生，新风模块带有紫外线杀菌功能，进一步提高室内空气品质	◆ 相较于5A级写字楼，全年能耗有效降低30%； ◆ 照LEED+WELL双铂金+绿建三+DGNB+BREEAM五类认证标准打造的改造类办公建筑，达到芬兰S1级甲醛控制标准

项目名称	节能减碳措施	成效
珠海兴业新能源产业园研发楼	·结合多功能光伏幕墙外遮阳、智能液晶调光玻璃和半透明高反射窗帘，实现常规天气主要功能房间最低限度人工照明； ·研发季节可控型集通风、遮阳、发电为一体的多功能光伏幕墙，在提高发电量的同时营造良好的室内热湿环境； ·首次利用RFID和OA协同管理技术与具备"系统自学习"功能的设备启停临界值界定法结合，精确地做到"人来设备启、人走设备停"的自动化运行，并创新提出"大比例"个性需求智能响应策略，满足90%以上使用人员在全年对环境服务质量的个性化舒适度需求的前提下，节约建筑能耗10%以上； ·创新性地利用可再生能源，开发了一套基于公共建筑重要负荷永不断电的智能微电网系统，解决分布式光伏发电的间歇性和随机性给供电系统带来的冲击问题，实现光伏发电、储能、市电等多电源间的无缝切换，保证重要负荷的安全供电	项目总体增量成本为1220.18万元，预计年回收200.54万元，项目回收期为6.08a。按项目运行25a周期计算，项目总回收约为5000万元，收益率约为309.78%
宁波北仑高塘"零碳"数据中心综合能源项目	·应用基于直流微电网光储直柔互动技术，通过调控直流母线电压的方式，实现直流电压母线下数据中心； ·液冷数据中心采用液冷技术，将服务器浸入无色、无味、无毒、高沸点的绝缘氟化物的冷却液，对数据机柜进行冷却，经过带负荷测试液冷数据中心PUE（数据中心能效评价指标，数据中心总耗能与IT负载设备能耗比值）为1.05，比传统数据机柜节能40%以上，处于国内领先水平； ·应用基于直流微电网光-储-直-柔互动技术，通过调控直流母线电压的方式，实现直流电压母线下数据中心(120面5kW机柜)、充电桩(20台60kW直流充电桩)、储能（900kWh梯次储能）、光伏(120kWp) 等多种直流设备的分钟级实时响应/梯次利用储能高塘站建设300kWh/900kWh规模的储能系统，通过实行削峰填谷及需求响应，降低系统用电成本； ·该系统应用电动汽车退役磷酸铁锂动力电池，建设成本较新电池降低32%，梯次电池效能约为全新电池的85%	◆ 项目预计年可实现营收1.2亿元，年利税2246万元；综合能源公司以设备租赁方式委托和盛达公司日常运营，运营期限三年，累计获得收益1200余万元； ◆ 建设分布式能源站，解决四明化工可燃废气不稳定的问题，废气发电利用效率从30%提升到综合效率84%； ◆ 通过能源梯级利用方式，年减少企业供热成本2865万元，年节能2.12万tce

续表

项目名称	节能减碳措施	成效
中建三局一公司新总部大楼	·建筑塔楼和裙房屋面，分布数列光伏发电板； ·建筑立面也采用光伏玻璃幕墙，最大限度利用可再生能源； ·大楼塔楼办公部分采用VRV系统，该系统为多联机形式——风冷热泵从空气中泵送热能，结合物联网微空间AI控制，保障空调灵活使用的同时，进一步提升使用效能； ·裙房采用地源热泵系统，空调冷却水经管道到达20℃左右的地层，换热降温后回流至热泵机组，热泵能效有显著提升； ·采用智能微电网结合光储直柔的设计，减少交流电与直流电相转化过程中的损耗，达到节能减碳的目标	◆ 该大楼总光伏发电面积达1.52万m^2，年发电量86万度，年减少CO_2排放452t，是目前全国光伏面积和总装机容量最大的公共建筑之一； ◆ 整座园区预计每年将减少CO_2排放约6200t，实现建筑本体节能率85%，可再生能源利用率24.3%

资料来源：《2022"零碳中国"优秀案例及零碳技术解决方案》；友绿智库。

[1] 习近平. 继往开来，开启全球应对气候变化新征程——在气候雄心峰会上的讲话 [N]. 人民日报，2020-12-13（01）.

[2] 刘满平. 中国实现"碳中和"目标的意义、基础、挑战与政策着力点 [J]. 价格理论与实践，2021，2（9）.

[3] 王一鸣. 中国碳达峰碳中和目标下的绿色低碳转型：战略与路径 [J]. 全化，2021（6）：5-18，133.

[4] 梁俊强，丁洪涛，戚仁广，等. 建筑领域碳达峰碳中和实施路径研究 [M]. 北京：中国建筑工业出版社，2021.

[5] 周海珠，李以通，李晓萍，等. 建筑领域绿色低碳发展技术路线图 [M]. 北京：中国建筑工业出版社，2021.

[6] 武涌. "双碳"背景下建筑发展战略及实施路径 [J]. 建筑，2022（14）：53-54.

[7] 袁闪闪，陈潇君，杜艳春，等. 中国建筑领域CO_2排放达峰路径研究 [J]. 环境科学研究，2022，35（2）：394-404.

[8] 魏峥，高游，董建锴，等. 中国既有公共建筑节能工作的困境与突围 [J]. 建筑节能（中英文），2023，51（6）：127-132.

[9] 林波荣. "双碳"目标下建筑行业碳减排路径及科技创新重点 [EB/OL]. [2022-10-11]. https://mp.weixin.qq.com/s/6Unf8RGXoPePo52uyLA4qw.

[10] 胥小龙，孙鹏，时雪燕. 碳达峰碳中和目标愿景下建筑节能低碳发展路径构思 [J]. 建筑，2022（10）：36-38.

[11] 黄献明. 建筑领域双碳行动与绿色建筑新发展 [EB/OL]. [2022-5-30]. https://mp.weixin.qq.com/s/GZdvPynpJA4TAz1j782LCA.

[12] 蒲云辉，王清远，吴启红，等. 碳达峰碳中和目标背景下建筑业高质量发展的路径 [J]. 成都大学学报（自然科学版），2022，41（2）：202-206，224.

[13] Huang L Z, Krigsvoll G, Johansen, et al. Carbon Emission of Global Construction Sector[J]. Renewable & Sustainable Energy Reviews, 2018, 81(2):1906-1916.

[14] Guo S Y, Jiang Y, et al. The Pathways toward Carbon Peak and Carbon Neutrality in China's Building Sector[J]. Chinese Journal of Urban and Environmental Studies, 2022, 10(2).

[15] Ali K A, Ahmad M I, et al. Issues, Impacts, and Mitigations of Carbon Dioxide Emissions in the Building Sector[J]. Sustainability, 2020, 12(18).

[16] 陈伟等. 建筑材料领域碳达峰碳中和实施路径研究 [M]. 北京：中国建筑工业出版社，2021.

[17] 毛志兵. "双碳"目标下的中国建造 [EB/OL]. [2021-8-12]. http://www.chinajsb.cn/html/202108/02/22016.html.

[18] 李丛笑，张爱民，薛艳青，等. "双碳"目标下绿色建造发展路径研究 [J]. 施工技术（中英文），2022，51（1）：4-7，31.

[19] 徐伟，倪江波，孙德宇，等. 中国建筑碳达峰与碳中和目标分解与路径辨析 [J].

建筑科学，2021，37（10）：1-8，23.

[20] 江亿. 建筑领域的低碳发展路径［J］. 建筑，2022（14）：50-51.

[21] 郁泽君，聂影，王瑶，等. "双碳"目标下绿色建筑减碳路径研究［J］. 住宅产业，2021（10）：15-20.

[22] 谢远建. 绿色低碳健康建筑技术路径探索和实践［EB/OL］.［2022-8-29］. https://mp.weixin.qq.com/s/LIy9medUKahSf7bLrflv8g.

[23] Deakin Univ, Zhang L, et al. Carbon Dioxide Emission Linkage Analysis of Australian Construction Sector-Based on a Hybrid Multi-Regional Input-Output Model[J]. Construction Research Congress 2020: Computer Applications, 2020(1): 20-28.

[24] Bui TTP, MacGregor C, et al. Towards Zero Carbon Buildings: Issues and Challenges in the New Zealand Construction Sector[J]. International Journal of Construction Management, 2022.

[25] Reddy. Sustainable Materials for Low Carbon Buildings[J]. International Journal of Low-carbon Technologies, 2009, 4(3): 75-81.

[26] Winchester N, Reilly J M. The Economic and Emissions Benefits of Engineered Wood Products in A Low-carbon Future[J]. Energy Economics, 2020(85).

[27] Chicaiza C, Bouzerma M. Carbon Storage Technologies Applied to Rethinking Building Construction And Carbon Emissions[C] //IOP Conference Series: Earth and Environmental Science. IOP Publishing UK, 2021:12-21.

[28] 李小冬，朱辰. 中国建筑碳排放核算及影响因素研究综述［J］. 安全与环境学报，2020，20（1）：317-327.

[29] Zhang Z, Bo W. Research on the Life-cycle CO_2 Emission of China's Construction Sector[J]. Energy and Buildings, 2015(112):244-255.

[30] Liu G, Gu T, Xu P, et al. A Production Line-based Carbon Emission Assessment Model for Prefabricated Components in China[J]. Journal of Cleaner Production, 2019.

[31] Yuan C, Ries R J, Lei S. The Embodied Energy and Emissions of a High-rise Education Building: A Quantification Using Process-based Hybrid Life Cycle Inventory Model[J]. Energy & Buildings, 2012, 55(DEC): 790-798.

[32] 刘菁，刘伊生，杨柳，等. 全产业链视角下中国建筑碳排放测算研究［J］. 城市发展研究，2017，24（12）：28-32.

[33] 林立身，江亿，燕达，等. 中国建筑业广义建造能耗及CO_2排放分析［J］. 中国能源，2015，37（3）：5-10.

[34] Man Y A, Twa B, SI B. Assessing the Greenhouse Gas Mitigation Potential of Urban Precincts with Hybrid Life Cycle Assessment[J]. Journal of Cleaner Production, 2021(279).

[35] Yang Y, Heijungs R, Brandao M. Hybrid Life Cycle Assessment (LCA) Does Not Necessarily Yield More Accurate Results than Process-based LCA[J]. Journal of Cleaner Production, 2017, 150(MAY1): 237-242.

[36] Pomponi F, Lenzen M. Hybrid Life Cycle Assessment (LCA) Will Likely Yield More Accurate Results than Process-based LCA[J]. Journal of Cleaner Production, 2018, 176(MAR. 1):210-215.

[37] Minda M, Xin M, et al. Low Carbon Roadmap of Residential Building Sector in China: Historical Mitigation and Prospective Peak[J]. Applied Energy, 2020, 273(C).

[38] Zhang J, Yan Z, et al. Prediction and Scenario Simulation of the Carbon Emissions

of Public Buildings in The Operation Stage Based on an Energy Audit in Xi'an, China[J]. Energy Policy, 2023, 173.

[39] Minda M, Wei G C. Do Commercial Building Sector-derived Carbon Emissions Decouple from the Economic Growth in Tertiary Industry? A Case Study of Four Municipalities in China[J]. Science of the Total Environment, 2019, 650(Pt 1).

[40] Sun L X, Wang M, et al. The Realistic Way to the Decoupling of Carbon Dioxide Emissions from Economic Growth in China's Service Sector[J]. Emerging Markets Finance and Trade, 2023, 59(3).

[41] 刘生龙，胡鞍钢．中国经济发展趋势：机遇与挑战（2021—2035）[J]．甘肃社会科学，2023（1）：195-207.

[42] 徐东．"1+N"政策体系核心文件出台 构成中国实现"双碳"目标的顶层设计[J]．国际石油经济，2022，30（1）：24-26.

[43] 牛犇，杨杰．中国绿色建筑政策法规分析与思考[J]．东岳论丛，2011，32（10）：185-187.

[44] 罗理恒，张希栋，曹超．中国环境政策40年历史演进及启示[J]．环境保护科学，2022，48（4）：34-38.

[45] 李富文，李云斌．国内外被动式房屋发展研究概况[J]．城市建筑，2021，18（21）：137-139.

[46] 张凌钰．建筑施工中建筑外墙保温技术及施工工艺应用研究[J]．工程机械与维修，2023，308（1）：187-189.

[47] 张伦伟．绿色建材的发展与应用[J]．江苏建材，2023，192（1）：19-20.

[48] 李婉君，王秀丹，刘正刚，等．水泥生产碳减排路径评述[J]．中国水泥，2022，242（7）：24-29.

[49] 赵天奕．金融服务钢铁行业低碳技术创新[J]．中国金融，2023，992（2）：75-76.

[50] 陈伟，肖学英，张澜沁，等．镁质水泥材料低碳发展及其应用研究——绿色建材低碳产品与技术案例[J]．建设科技，2022（19）：8-11.

[51] 陈梦冉．低层钢结构住宅体系选型综合评价研究[D]．郑州：郑州大学，2018.

[52] 邢妍，邓西录，曲梦可，等．建筑垃圾再利用存在的问题及措施探究[J]．河北科技师范学院学报（社会科学版），2019，18（1）：125-128.

[53] 王铁柱，张佳阳，赵炜璇，等．装配式建筑物化阶段碳排放量模型建立与现浇建筑对比评价研究[J]．新型建筑材料，2022，49（10）：88-91.

[54] 陈远，康虹．基于Revit二次开发的PC建筑预制率计算方法研究[J]．土木建筑工程信息技术，2018，10（4）：12-16.

[55] 陈鹏，张兆强，周琼瑶．装配式混凝土剪力墙结构连接方式研究及应用综述[J]．混凝土与水泥制品，2018，263（3）：58-63.

[56] 陈骏，彭畅，李超，等．装配式建筑发展概况及评价标准综述[J]．建筑结构，2022，52（S2）：1503-1508.

[57] 徐伟，郭雅楠．基于低碳理论的绿色建筑经济效益评价体系分析[J]．上海节能，2023，409（1）：24-29.

[58] 许翠云．浅析装配式建筑工程造价管理[J]．江西建材，2022，276（1）：237-238，241.

[59] 黄碧，林辉，屈国伦．夏热冬暖地区典型办公建筑低碳化技术及减碳量评估[J]．暖通空调，2022，52（12）：19-24，65.

[60] 王璿．中国低碳建筑的发展现状与对策[J]．现代经济信息，2010（19）：162-

163.

[61]　耿智鹏. 建筑行业2023年度投资策略报告 [R]. 济南：中泰证券，2022.

[62]　闫强，陈毓川，王安建，等. 中国新能源发展障碍与应对：全球现状评述 [J]. 地球学报，2010，31（5）：759-767.

[63]　谢萍生. 基于改进层次分析法的低碳建筑影响因素分析研究 [D]. 广州：广东工业大学，2013.

[64]　雷庆关，李华双. 低碳建筑的发展障碍分析及实现途径研究 [J]. 安徽建筑大学学报，2015，23（6）：78-82.

[65]　贾潇，刘刚，占升. "双碳"背景下装配式建筑的技术发展 [J]. 智能建筑与智慧城市，2023，314（1）：115-117.

[66]　张彩奕，王意，王志强. 木结构建筑节碳固碳效应研究现状 [J]. 林业机械与木工设备，2022，50（11）：31-34.

[67]　王根华. 钢结构在多层建筑中的应用 [J]. 科技风，2009，133（19）：102，113.

[68]　邱岗. 钢结构建筑工程的施工特点和施工方法分析 [J]. 工程机械与维修，2023，308（1）：113-115.

[69]　胡育科. 做好钢结构建筑碳减排这篇大文章 [J]. 建筑，2022（13）：20-23.

[70]　张楠祥，梁硕，吴灏斌. 钢结构建筑施工管理的技术探析构建 [J]. 中国住宅设施，2022，234（11）：73-75.

[71]　伍琦. 智能化技术在绿色建筑中的应用 [J]. 智能城市，2023，9（1）：106-108.

[72]　康艳兵. 建筑节能关键技术回顾和展望——国内外建筑节能关键技术的发展现状及趋势 [J]. 中国能源，2003，25（12）.

[73]　孟早明，葛兴安，等. 中国碳排放权交易实务 [M]. 北京：化学工业出版社，2016.

[74]　霍茹. 低碳约束下中国省际边际减排成本及影响因素研究 [D]. 北京：北京理工大学，2018.

[75]　王猛猛，刘红光. 碳排放责任核算研究进展 [J]. 长江流域资源与环境，2021，30（10）：2502-2511.

[76]　杨军，杨泽，丛建辉，等. 责任和收益匹配原则下中国省域碳排放责任共担方案优化 [J]. 资源科学，2022，44（9）：1745-1758.

[77]　Ferng J J. Allocating the Responsibility of CO_2 Over-emissions from the Perspectives of Benefit Principle and Ecological Deficit[J]. Eco-Logical Economics, 2003, 46(1): 121-141.

[78]　Rodrigues J, Domingos T, et al. Designing an Indicator of Environmental Responsibility[J]. Ecological Economics, 2006, 59(3): 256-266.

[79]　王文治. 中国省域间碳排放的转移测度与责任分担 [J]. 环境经济研究，2018，3（1）：19-36.

[80]　王育宝，何宇鹏. 增加值视角下中国省域净碳转移权责分配 [J]. 中国人口·资源与环境，2021，31（1）：15-25.

[81]　李雪瑞，付学谦，李国栋. 碳达峰背景下的省域发电行业碳配额机制设计 [J]. 电力建设. 2022，43（12）：74-82

[82]　孙颖. 中国城镇公共建筑碳排放配额分配研究 [D]. 北京：北京交通大学，2020.

[83]　世界银行. 碳金融十年 [M]. 北京：石油工业出版社，2011.

[84]　曾刚，苏小军. 信托公司碳金融业务发展模式与路径 [J]. 当代金融家，2021（4）：114-117.